U0929666

认知颠覆

程驿 ◎ 著

民主与建设出版社
· 北京 ·

自序：换一个角度看世界

这是一本关于思考的书，思考的内容都是人生最重要的一些问题。

我曾经提过这样一句口号：“一年思考 100 个问题，死磕每个问题的本质原因。”但最终我只能做到一周思考一个问题，也就是说，一年思考 52 个。我把每个问题的思考过程发布在网上，没想到大家还挺喜欢。

现在，我每周大致会用 20 个小时来进行思考，这几乎是我工作时间的一半。

在思考过程中，我需要查阅、归纳大量资料，也需要对每一个问题的本质进行反复推演，这是非常痛苦的。

曾有人说，哲学家的工作是最简单的，有一张旧沙发，在一盏昏暗的落地灯下就可以开始工作。“哲学家”三个字我不敢当，但我愿意做一个深度思考者。

为什么思考这么痛苦，我却愿意不断思考呢？

思考的本质是什么

先问一个问题，你工作时最大的梦想是什么？你可能会回答，梦想就是不工作。

其实，每个人都想通过努力工作实现财务自由，因为我们都渴望自由自在的状态。

但为什么只有少数人真正实现这个梦想了呢？

因为路径不一样。

多数人渴望的，其实是自在而不是自由。

比如，你总想休个小长假，到大理洱海边找一个靠海的民居住上几天，暂时把原来城市中的同事、客户、雾霾、早晚高峰的烦躁等切断，这就是自在。

你在家里宅着，将手机直接调成静音，买一堆零食，开始不断刷剧，这也是自在。

自在的本质是尽量避免和周围的环境或人产生联系，无论你是在洱海边的民居里，还是蜷缩在家中，都是希望和之前的生活尽量减少联系。

但思考的本质，恰好是建立事物之间的连接。

比如，你在大街上看到一幅海报，面对它你是不会去思考的。但一个平面设计师可能就会去思考，因为他会把眼前这幅海报和自己最近设计的一个项目建立连接。

什么是自由呢？它是指人类可以自我支配，拥有自由意志的一种状态。最近很流行的一句话便可以解释——拥有一个你说了算的人生。自由就是指这种状态。

所以你会发现，自在和自由是两种完全不同的路径。自在状态是尽量避免思考，所谓无知即快乐；而自由状态，恰好需要大量思考。

比如，一个奴隶通过奋斗，终于成为自由人；一个打工者，通过10年奋斗，终于有了自己的公司；一个长期卧床的病人，经过坚持不懈的锻炼，终于恢复健康之身……

每个人都渴望真正的自由，渴望拥有一个自己说了算的人生，但真正实现的，寥寥无几。

核心就在于我们选择了不同的路径。多数人更喜欢让自己处在自在状态，少数人才会选择通往自由的那条路——不断去思考事物之间的关系，并付出行动建立连接。

学习的本质是建立结构

没有建立连接的思考，多半都是无效的思考。

你仔细想一想，就会发现一种情况：我们在一个区域待久了就会产生一种幻觉——无所不知。这就是没有进行连接思考的结果。

比如，有些人在公司待了七八年，他们会把一句话挂在嘴边："公司有什么事情是我不知道的？”这是因为他们习惯了站在公司内部的角度去思考问题。

又如，我们活了二三十年，会认为生活中的很多事自己都明白，这是因为我们站在自身的角度去思考。

很多时候，我们的头脑已经悄悄关闭了和外界连接的大门，而我们却浑然不知。

比如，问你一个问题——为什么我们学了那么多知识，却总是记不住，总是感觉自己什么都没学到呢？

通常，我们会认为这是因为自己的记忆力不行，甚至会认为学习本来就是一件非常痛苦的事情。但是，这些结论都是你站在多年学习的角度上得出的答案。

如果你将学习效率和家居收纳这两件事情做一个连接，就可以得到明确的答案。据统计，每个 100 平方米以上的现代居所，家居物品至少超过 4500 件。你可以很轻松地记住家里的 5000 件物品，但是在学习新知识上却不行，核心就是学习效率低下，你的头脑中没有认知结构。

你想找一本 5 年前买的书，可以从书架上轻松地找出来；你想找阿莫西林，可以从卧室中的一个抽屉中快速地找出来……这是因为你对家居物品的认知是有结构的。

如果我们换一种情况，即在没有结构的情况下让你收纳和认知这 5000 件物品，会发生什么呢？

比如，你昨天买了一本书，今天买了一件衣服，后天又买了几个杯子，你将它们全部堆放在一起，最后直接把物品从第一个房间堆到最后一个房间。结果就是，屋子里有什么东西，你完全记不住。

多数人的学习习惯就是后者，所以无论你怎么努力，学到的东西依旧很难记住。

截至今天，我大约思考了73个问题，这本书收录了其中的35个问题。这本书在“掌阅”被改编为三个课程，分别是《12堂脑洞大开的思维升级课》《12堂脑洞大开的表达提升课》《12堂脑洞大开的职场进阶课》，其中都凸显了“脑洞大开”这个概念。

其实是因为每一个思考都连接到各种事物的本质，所以使大家倍感新鲜。

连接让我们充满无限可能

书名最终定为《认知颠覆》，这是由众多读者确定的。

读者会有这种感觉，主要的原因是大家在之前的思考过程中并没有真正地打开自我，突然遇到我这样的思考方式，在认知上就会产生被颠覆的感觉。

当然，思考从来没有所谓的高级、低级之分，只是存在连接方式的不同。

每一个人类个体都经历了上亿年的进化，为什么我们会成为地球上最具智慧的生物？就是因为我们的大脑神经元有着更为丰富的连接。

英国神经科学家丹尼尔·博尔的《贪婪的大脑：为何人类会无止境地寻求意义》这本书里，介绍过一个大脑神经元进化的事实：

在原始生命时期，脑神经元中的信息可能是非常单一的，比如可以形成类似红色、一个圆点之类的简单想法。这些简单想法又逐渐连接起来，形成诸如动物、树木之类的整体概念。

人类在早期智人阶段，面临的生存压力十分巨大，互相之间的交流也越来越多，这时大脑在整体概念的基础上，又进化出团队、重量、形状等更复杂的抽象概念。

在智人的成熟阶段，也就是约 5 万年以前，人类更是将抽象概念发挥到极致，最终产生故事、图腾崇拜等内在信念（blind beliefs）。尤瓦尔·赫拉利在《人类简史》中反复提到，正是因为人类这种讲故事的能力，才让我们拥有更大规模群体合作的优势，最终引领我们统治了地球。

从简单想法到整体概念，再到抽象概念，最后到复杂的内在信念，整个过程就是大脑神经元不断组合、连接的过程。

比如，理解红色这个概念，也许只需要几百个神经元，但如果要理解国家、宗教这种复杂概念，则可能需要几百万个神经元的连接。

《超体》这部电影中讲述过一个概念：人类大脑大致只开发了5%~10%。所以女主角露西因某种手段而开发了 100%，简直就成为无敌的存在。

从大脑神经学的角度来看，这是一个伪概念。因为人脑在思考很多事件时，都处于 100% 活跃状态，这是经过监测的。

但从知识连接的角度来说，“人脑只开发了一部分，还有巨大潜力”这个概念是真实存在的。

实际上，我们现在对大脑中所学知识的连接效率很可能还不到 0.1%，如果这个效率提升到 20%，甚至是 50%，那将是一个多么可怕的局面！

世界的连接一定是越来越复杂的，你现在不去做的事，AI 也在疯狂地帮你做。

然后，在某一天，真正颠覆你。

我们如何去颠覆

这个时代到处都在讲颠覆，每天都在诞生新物种，然后从旧物种完全不了解的领域，将它们彻底颠覆。

究竟什么是颠覆呢?

在《颠覆式创新》中，克里斯坦森做出了最经典的诠释：“颠覆是市场形成了新的价值网络，从而使旧的价值网络突然崩盘。”

比如，诺基亚手机的销量曾经连续 11 年蝉联全球第一，诺基亚公司把手机做得越来越坚固耐用、按键越来越多、外形越来越夸张，这就是旧的价值网络——用户更习惯质量更好、功能更多的手机。

苹果手机面世以后，尽管非常不耐摔，按键也只有一个，外形也极为简单，但这样的新物种却逐渐形成一种新的价值网络——用户更喜欢流畅的系统、丰富的 App 以及手势交互。

站在诺基亚公司的角度来看，公司什么都没有做错——手机按用户需求调研，市场也经过了分析，营销也逐步扩大，但就是被颠覆了。

创建“混沌大学”课程的李善友教授曾经对颠覆式创新讲了一个概念——价值网里至少有三个角色：一是客户；二是对手；三是投资人。

我们在价值网络中，无时无刻不被这三件事物所绑定，最终被一个价值网络牢牢锁死。

除了商业社会，我们在生活中同样如此。

客户，可能是你的配偶、孩子、父母或是其他一切需要你负责的人。

对手，如你追女友时会面临竞争、面试时会和其他人竞争，你的孩子进幼儿园也需要和其他家庭竞争。

投资人，直接来看是你的老板，实际上最大的投资人，是自己。

人的一生都在这些人形成的价值网络中挣扎。所以你会发现，互联网时代来临后，价值网络也发生了变化，父母那一代人很容易被颠覆。

当然，我们也会很快被后面的人颠覆。

从一个旧的价值网络跳转到新的价值网络，这是一个非常痛苦的过程，这可能意味着你需要和人生中最关键的人重新建立连接。

为什么思考这么痛苦，我依旧不断去思考？因为这就是人生，你必须无时无刻地去考虑同这个世界的连接。把许多东西真正想透了，也许才有真正自由的那一天。

这本书中，完全没有那些难懂的哲学理论，而是从一个重新连接的角度去思考人生最重要的事情。

思维类的书籍都很难写，因为改变一个人的思维是不可能的。

但这些书你理解起来又非常容易，因为你无须改变，只需要换一个看世界的角度。

目录
CONTENTS

第一章

思维觉醒：快速跳出你的思维局限

第二章

认知效率：

重塑大脑的认知系统

CONTENTS

第三章

表达逻辑：

练就高效沟通的思维逻辑

第四章

突破职场：

痛点思维解决工作难题

第一章

思维觉醒：

快速跳出你的思维局限

你所有困境的本质，都是“选择”的问题

01 什么是人生真正的困境

想想看，在困境中挣扎是一种什么样的体验？是在黑暗中迷茫没有方向？或是努力尝试后，几乎没有什么变化的那种窒息感？

我认为，你所有困境的本质，都是“选择”的问题。

比如，你偶尔去一趟西餐厅，对芝士大虾或香草羊排不知如何选择。

或者你刚到一家公司，对选择趋炎附势还是坚持自己的原则存在困惑。

又如，有人说“北上广”容不下肉身，“三四线”放不下灵魂，此时你根本不知如何选择未来。

当然更多的时候，你连选项都没有。比如最近你和另一半相处艰难，就是不知道该选择什么方式去改善彼此的关系。

你有没有想过，选择为什么会这么困难？其实关键就在于反馈。

在一天当中，你大大小小会经历几百次选择，只是99%以上的选择都被你的潜意识机制以默认确定的方式完成了。

在生活中，我们会遇到很多选择问题：早上起来要不要喝水？坐飞机是选择靠窗还是过道？和同事在电梯相遇是直接打招呼还是微笑点头？

这些问题在人们的长期体验中逐渐趋于稳定的确定性反馈：早上喝一杯水，身体有舒服的感觉；倾向于过道是因为可以早点儿下飞机；在电梯直接和同事打招呼是因为对方的回应也很积极。

人生真正的困境在于，我们要如何面对那些不确定性反馈（uncertainty-feedback）。

02 为什么自我突破十分困难

寻求自我突破的过程，本质上是一种将不确定性反馈变为确定性反馈的过程。

几乎每一个减肥的人，都梦想获得一种一个月肯定能瘦 15kg 的方法；如果你正在找工作，肯定也渴望得到一种确定面试能通过的技能。

所以，你会付出行动，不断尝试。但所有的行为都可能遭遇两难问题：

1. 内部反馈的乏力

你尝试经营一个公众号，一开始你会感觉得到的成就感特别大，自己都暗自佩服“原来我也能写出这么好的文章”，家人、朋友也会惊叹于你能写出这么好的文章，积极地给你许多反馈。所以，你很有动力去写每一篇文章。

但随着时间的推移，无论是你还是身边人的这种新鲜刺激感都会逐渐消退，便形成了对数增长的效果（一开始增长明显，后来趋于平缓），如图 1-1：

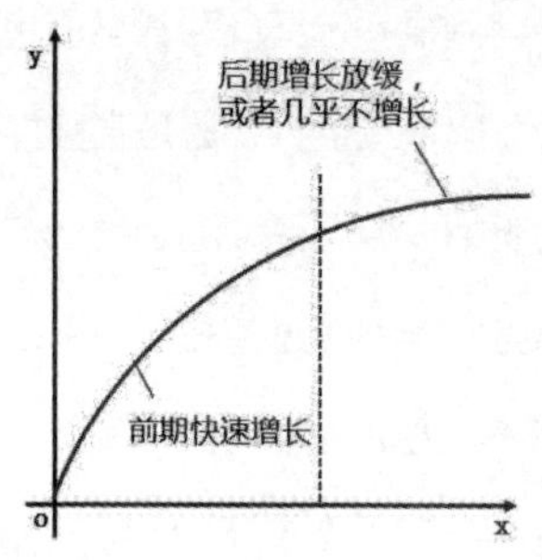

图1-1 内部反馈呈对数增长

几乎所有的内部反馈都是如此。比如健身、学一种新的技能，刚开始的时候，这种行为对人的改变会很大，但人会迅速进入“瓶颈”期。

2. 外部反馈的不及时

如果我们从内部得不到有力的反馈，就会依赖外部反馈。

比如，公众号粉丝的反馈，但这往往是一种指数增长的模式（一开始增长平缓，到了某个节点后增长明显），如图 1-2：

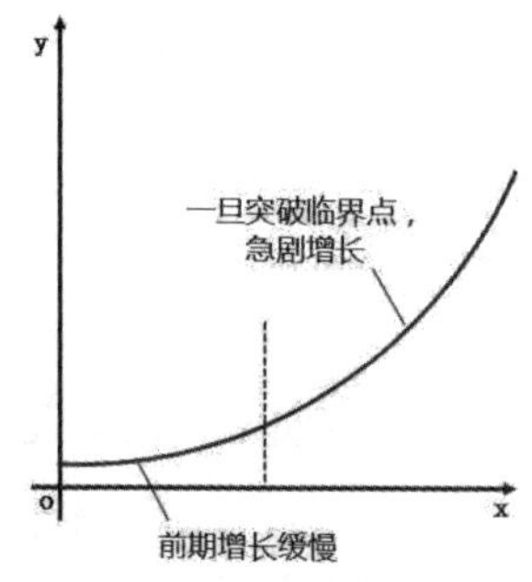

图1-2 外部反馈呈指数增长

又如，你尝试改变孩子的坏习惯，一开始的效果反馈并不明显，到后期才会更好一些。

多数人的自我突破往往倒在内部反馈耗竭，又迟迟等不到外部反馈（拐点）到来的那一刻。

面对人生的困境和突破自我这个两难问题，该如何调整呢？

有一个启发是，想想在原始社会，原始人生活的不确定性远比现代人高出很多，他们是如何应对的呢？

原始人的生存法则，没有现代人这么复杂。理解他们的规则后，很容易让我们看到事物的本质。

在这里，借用“原始人熬一锅鲜汤”这个场景，我们可以更好地理解如何去突破因反馈乏力而导致的人生困境：

（1）肉块和蔬菜。煮汤首先得有食材，丰富的食材通过互换才能获得。这是自我突破的第一层，核心是如何从价值表达到价值供给。

（2）火堆。原始人能控制火才能煮汤。这是自我突破的第二层，核心从控制思维到赋能思维。

（3）盐粒。撒盐是煮汤的最后一步，盐入汤内肉眼是看不见了，却无处不在。这是自我突破的第三层，核心是从自我思维到忘我思维。

03 从价值表达到价值供给

一个原始部落的男人猎到一头野猪，突然得到了很多肉，但是他晚上想吃蔬菜、水果怎么办？那就要拿出一小块肉和负责采集蔬菜、水果的女人交换。如果要煮一锅汤，那他还需要再拿出一些肉换一些锅、碗，再换一些盐。

要活下来，你就必须用自己的价值去交换别人的价值，这是人类社会最核心的生存法则——价值供给。

情况如果复杂一些：假如某一天在部落市场，男人提供狩猎回来的肉，却有十个女人要提供蔬菜。

女人感觉到肉这种资源的稀缺，就会极力去夸大自己今天采摘的蔬菜有多新鲜，甚至去贬低别人的有多差。

人是社会性动物，为了生存，人类个体必须对群体展现出自己的价值，这是边缘生存法则——价值表达。

叫嚣几句“我的东西更好”（价值表达）远比“我要提供给你足够满意的东西”（价值供给）容易很多。

所以，这个世界就逐渐形成了一种有趣的现象，那就是很多人更注重表达价值而非提供价值。

比如，你经常会在办公室里看到许多人都在极力维护“我是对的”“我比你强”，却忽略了自己能为别人提供什么价值。

那些处理不好感情问题的人大多也同样如此，太注重表达自己的付出，却忽略了提供舒适、关爱等价值。

这是尝试自我突破的第一步——如何去提供价值，从而在外部获得反馈。

04 从控制思维到赋能思维

自从人类发明了钻木取火，获得了对火的控制，原始人才开始烤肉或煮汤。

对于火的使用，从表面上来看是一种控制，但最核心的其实是源源不断地添加的木材。对于自我突破来说也同样如此。从表面上看来，那些大神都是通过高度的自我管控才实现突破，实际上他们是做好了赋能，即源源不断地赋予自我或团队能量。

这是什么概念呢？分享一个故事大家就明白了：

作为曾经的公路自行车爱好者，有一次我和一个前省级公路自行车队的朋友在周末相约骑行。当天很热，我们的目标是 70 千米外的一个古镇，要当天来回。那是我第一次骑那么远的路程。

在一段持续上坡后，我就累得不行了，即使停下来休息了几次还是很累。朋友仔细观察后，发现是我的骑行姿势有问题，导致我单次呼吸的时候，没有大量的氧气进入肺部。

我调整以后情况好多了，但是骑了 50 千米后，看着导航显示还有 20 千米的距离，我感觉又不行了。

朋友的建议是，千万不要总盯着那个最终目标，要研究每一段路，比如在这个弯道该如何去拐弯，在这个直道该采取什么样的呼吸频率。

总之，通过那次我才真正学会了骑行，从小镇返回的那 70 千米就显得十分轻松了。

多数人以为成功就是咬紧牙关，拼搏到 70 千米所在的目标，但想想那个可怕的人生拐点，你需要坚持多久才能真正达到？

记住一个概念，如果你是用意志力来完成突破，那多半你还停留在初级水平。

在高手的眼中，成长充满了乐趣。他们完全找到了沿途自我赋能的方法，源源不断地给自己补充能量。

这是尝试自我突破的第二步——如何从控制思维变为学会自我赋能，从而获得更多内部反馈。

05 从自我思维到忘我思维

原始人熬一锅鲜汤的最后一步：盐入汤内，形态消失，却无处不在。这也是老子所说的“大象无形”。最厉害的，往往都看不到形态，也就是忘我境界。

多数时候，我们永远保持着自我的形态。因为有了自我，我们才会难以放下自己所谓的身份，这是阻碍我们实现自我突破的关键。

为什么这么说呢?

开篇讲到，你每天 99% 的决策都被潜意识自动完成，这很像一个原始部落。每天做事的，都是部落群众，他们人数众多、力量强大，可以狩猎、采集、修房子，等等。但是他们没有头脑，容易冲动。这部分人其实就是弗洛伊德所说的本我。

部落里有个酋长，负责处理群众无法处理的脑力问题。他地位最高，控制着群众，不过因为力量有限，他也经常出现失控的情况，这就是自我。

原始部落都崇拜神、图腾这些东西，这是他们生命的意义，也有道德的约束，这就是超我。

弗洛伊德的观点是，我们应该发挥超我的力量，让自我加强管理，打压本我。因为本我的头脑简单，他们自私、充满欲望，应该被好好约束，这样才能让整个社会发展得更好。

我们大多数人的观念是，发展道德的超我，让理性的自我来约束感性的本我。

自弗洛伊德以后，西方主流心理学派却提出了不一样的观点：

比如，温尼科特提出“让你的本能排山倒海般涌出”，其含义是应该让原始部落群众自由发挥力量，他们才是决定部落命运的绝对力量。

我们的本我之所以经常被自我压抑，主要是因为自我这个酋长具有语言能力。他可以对任何事进行评判，然后部落群众就跟着傻乎乎地相信了，导致他们根本发挥不出应有的潜能。

所以，最高级的自我突破，其实是忘掉自我，发挥本我。无论是老子追求的无为还是佛家追求的无我、马斯洛追求的自我实现、卡尼曼追求的高峰体验，都是在追求这种境界。这就是人生突破的第三个阶段。

06 结语

总结一下，我们所有的困境都是因为没有确定性的选择，而选择的关键在于反馈。

反馈由内部和外部构成，外部反馈应该由提供价值来获得，而内部反馈应该由自我赋能来获得。

顶级的高手应该是不断地追求忘我境界，放弃对自我和他人的评判，这样才能完全发挥潜意识的无穷力量，实现自我突破。

《三体》中有这样一段话：“生存在宇宙中，本身就是一件很幸运的事情，但是不知道从什么时候起，人类有了这样一种幻想，认为生存是唾手可得的，这就是他们失败的根本原因。”

生命的意义就在于努力生存，最伟大的生存方式就是活出最初的本我。

向那些正在努力寻求自我突破的人致敬。

找到枢纽节点，建立真正的独立思维

01 确定性——不确定性

你知道人与人之间最大的差距是什么吗？

你可能会想到收入、地位、经历、思维或影响力等。

如果只用一个概念来囊括，那就只有确定性——不确定性的差别。

比如，有钱的人可以对明年的欧洲旅行计划十分确定，而收入不稳定的人可能连下个月的出租房在哪里都无法确定。

一个专业的健身教练非常确定一个动作是否对你的某块肌肉有效，而你做这个动作时却不敢确定。

一个经验丰富的老猎人可以对在这条路上是否会遇到危险十分确定，而一个年轻猎人却不敢做出判断。

一个高度自律的人，对待火锅诱惑的自控力比较有把握；而一个刚开始减肥的人，很难对他的自控力有把握。

…………

总之，更厉害的人，其实就是比普通人在某个领域更具确定性。

几乎每个人都渴望改变命运，无非就是把生命变得更确定一些，那为什么把不确定变成确定的过程总是很难呢？

答案很简单，因为在转换的那一瞬间，决定因素就源于你与生俱来的天赋——思考（thinking）。

多数人却不太热衷使用这个天赋。罗素曾说过，多数人宁愿死都不愿意思考。

这部分人可以称为“头脑空空者”（Mr. Eraser），你可以理解为他们的很多思维感觉被橡皮擦擦掉了，他们不习惯思考当下，也更少去思考未来，如图 1-3：

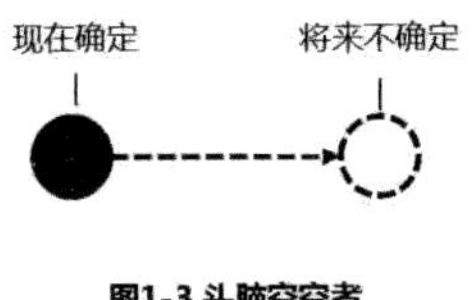

图1-3 头脑空空者

比如，大家都熟悉的阿甘，他说生活就像巧克力，永远不知道下一颗是什么味道，埋头向前跑就行。

我认为，这是一种聪明的生活方式，他们一直遵循着成本最优原则，生活一直都是相对确定的。

因为人生的未来是不确定的，所以，他们把现在的日子过好就行，他们是“现在确定—将来不确定”。

然而身边有越来越多的人，整天想法众多，但大多数时候只是提一些口号。他们永远只有三分钟热情，我身边就有许多经常跳槽或者不断更换兴趣爱好最终放弃的人。

他们习惯把原有确定的生活搞得一团糟，可以称为“夸夸其谈者”（Mr. Talker），如图 1–4：

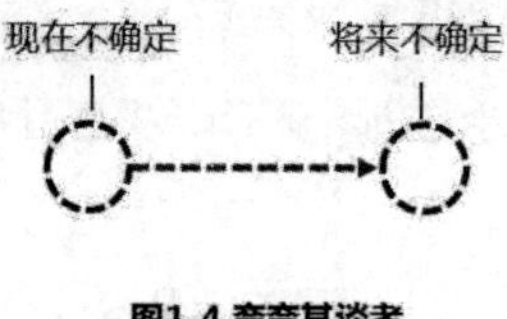

图1-4 夸夸其谈者

这样的人，是最不靠谱的。比如鲁迅笔下的阿 Q，搞不定一切事，还给自己找许多理由。他们是“现在不确定—将来不确定”。

正是因为生活中有大量 Mr. Talker 的存在，我们才对思考这件事产生了误解，总是觉得有太多想法的人不靠谱。

思考肯定是有用的，但需要把问题想透了。社会上只有少之又少的一部分人才能做到这一点，这是“独立思考者”，如图 1–5：

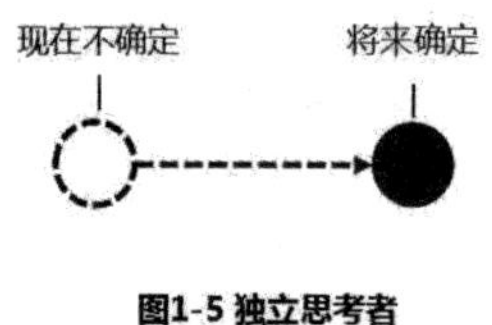

图1-5 独立思考者

在雷·达里奥的《原则》中专门提到了一个词“Shaper”，其实就是真正的“独立思考者”。大概是指一种有远大目标，同时也有清晰可执行的计划，每天如修行者一般持续去做的人。

比如，乔布斯就是一名 Shaper，他可以先设想一个伟大的产品，然后一步一步做出来。硅谷“钢铁侠”埃隆·马斯克也是一名教科书式的 Shaper。

当然生活中也有少数人是独特的 Shaper，比如有的人周游世界，他们非常确定自己的人生需要什么，能做到“现在确定—将来确定”。或者有的人在自己的岗位上兢兢业业，不断探索工作本身，比如寿司之神小野二郎，终成一代匠人。

02 如何成为独立思考者

我知道你肯定想当一名 Shaper，因为他们看上去非常酷。

实际上，每一个人都会有头脑空空、夸夸其谈和独立思考的时候，只是我们独立思考的练习还不够多，不敢对自己人生中的重大事情使用这项技能而已。

能真正做到独立思考的人，实际上是从既有的生活和工作环境中跳出思维惯性的人。这就好比你误入了一个原始部落，部落内观念陈旧，那么你该如何逃离原始部落，建立真正的独立思维呢？

（1）峡谷上的木桥。这是第一步，找到枢纽节点。

（2）逃生地图。这是第二步，成为事实主义者。

（3）湍急的河流。这是第三步，你需要找到参考坐标。

03 找到枢纽节点

如果原始部落对外的唯一出口是峡谷上的一座木桥，那么毫无疑问，你必须通过那里才能彻底逃出去。

真实社会也同样如此。通常情况下，你和家人、同学、同事随机组成了相对封闭的社交圈。

如图 1-6 所示，大部分普通人在巨大的社会网络里被称为随机节点，他们的生活枯燥重复，相互之间也没有太多有建设性的信息。

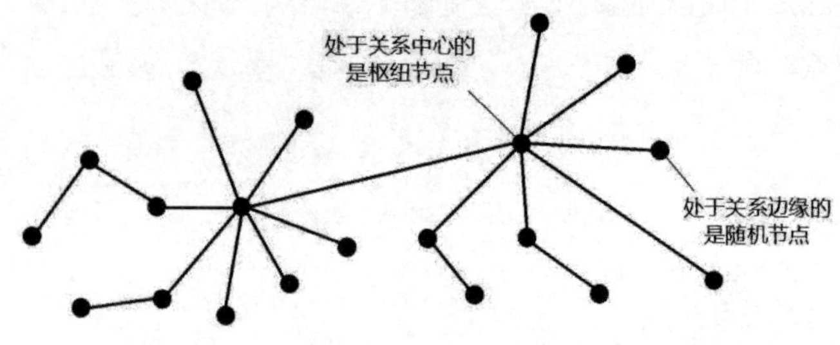

图1-6 枢纽节点和随机节点

一个个社交圈之间，起连接作用的角色被称为枢纽节点，就像峡谷上的木桥一样。枢纽节点往往是社交达人，或掌握了许多资源的一些组织或平台。比如，淘宝是中国百货与消费者之间的枢纽节点，而一个茶馆老板可能是整个街区的枢纽节点。他们掌握的信息，往往超过整个区域信息的80%以上。

如果你想在某方面有所改变，那么第一步就需要找到这个枢纽节点。

比如，找工作这件事，多数人都是直接写一份简历去面试。

而全球顶级的HR会这样建议：对简历的准备时间不要超过找工作所花时间的10%，而剩下的90%的时间，应该不断地去和对你面试有利的人脉接触。

在美国有个刚毕业的女生，从小性格比较内向，毕业后去了日本的一个海岛上过了一年与世隔绝的生活。后来她感觉这种生活过腻了，又回到美国找工作。但因为性格比较封闭，她在很长时间内没有找到工作，显得非常沮丧。最近，她看到一条耐克公司的招聘信息，弟弟建议她在校友网上问问情况。结果她收到十几条信息，其中包括让她应聘成功的核心信息——一个耐克高管（曾经的学长）让她一定要遵循耐克的个性文化（展现日本海岛生活经历）。

也许你在想，这不是在讲独立思维吗，怎么变成搞关系了？但这就是独立思维的最真实的法则，大量信息才是思维的基础。而这个世界最有效和最真实的信息，往往都在枢纽节点那里。

再举个例子，比如你想开一家餐馆，首先要找开过餐馆的朋友咨询。他可以向你提供装修建议，还有各种食材的供货商、广告商、线上平台的资源等。他提供的信息，一定比你瞎琢磨出来的有用很多。

04 成为事实主义者

丛林的生存法则是一切以事实为主。

如果你在城市街区问路，很多人给你指方向，都是说“你应该向左或向右走多久”，这更多的是站在他们的立场上回答，如果路况复杂，没走几步你就晕了。

在丛林里却是，“你应该向正西方向走 150 米，然后向东南方向 25° 走 200 米”。

以事实为主，这是最简单的人类认知法则，但通常情况下我们很难做好。

在爱德华·威尔逊的《知识大融通》这本书中，他曾提出人类认知成长阶段的理论，我总结为以下三个阶段：

（1）二元论（dualism），这种人坚持非黑即白的原则，“要么你是好人，要么就是坏人”。

（2）相对主义（relativism），能够看到事物的两面性，可以做到包容和理解。

（3）事实主义（realism），对任何事情的认识都是不断靠近真相的过程。

你可能暂时很难想象，接近事实竟然是哲学家眼中最难的部分。实际上，认清事实往往才能让你的决策更加有效。

举个例子，你小时候喝水，哥哥喝一口后跟你说不烫，结果你却被烫到了。因为他说的不烫只是自己的一种感受，不是一个事实，所以你很难做出自己的判断。

又如，诺基亚公司在2010年9月开董事会时，多数人都认为Android这种系统真是迟钝爆了，不可能拥有市场。但是，如果有高管能拿出Android的市场份额扩张数据，可能他们就不会那样轻易放弃Android系统了。

05 找到参考坐标

在湍急的河流中，因为担心原始人追逐，你需要不断想办法加快速度往河流下游前进，这样才能尽早逃离丛林。

在河流中的运动轨迹都是相对的，你需要不断寻找参考坐标，比如敌船的速度，或者参照前方标志性物体。

当然，说得通俗一点，这个概念在生活中就是比较（compare）。

这个概念如此简单，以至于多数人根本没有用好。它主要包括以下两个方面：

一是对比，主要指在同一类型的事物中找不同之处。

二是类比，主要指在不同类型的事物中找相同之处。

比如，你找到可口可乐和百事可乐在产品定位上的不同了吗？

事实上，除了口感上果葡糖浆含量的不同之外，两家公司在品牌定位上也非常不一样。

可口可乐作为传统王者，它更强调一种正统的精神象征，比如总是强调红色（花巨资让圣诞老人穿上红色的衣服），更强调家庭、强调幸福感，更是把所有人当作自己的消费客户。

百事可乐一直作为挑战者的形象存在，在营销方面更多垂青于年轻客户（一直选用年轻偶像做广告），同时也非常强调运动感、冰镇的口感等。

所以，表面看起来一样的东西，很可能实际差别很大。

在不同类型的事物中找相同之处，往往能激发独立思维中最厉害的部分——创造力。

比如，美国著名的游泳教练詹姆士·康希尔曼，他教出了很多世界级选手，9 枚奥运金牌获得者施皮茨就是他的弟子。这是因为他在研究游泳速度时找到了一个类比对象，即飞机上天所借助的一种上升力（伯努利升力），所以大幅度提高了游泳选手的能力。

又如，你感觉到可乐和苹果手机有什么相同之处了吗？这可是完全不同的商品。

事实上，它们有很多相同之处：购买时都会令人兴奋、都是拿在手里会被别人看到的产品、都是在使用后可以立即获得反馈。

通过以上这些特点，你会发现，可乐和苹果手机的广告营销非常相似，至少一定会注意到——不断强调的拥有感。

06 结语

独立思考，本来是每个人都应该具备的能力，就像一个人能正常走路、正常呼吸一样简单，但为什么我们会经常陷入思维效率低下的局面中呢？

我想这大概是因为，很多时候，提问的人心里已经轻易地给出了答案，与人询问只是想确认自己的判断是否正确。

以后请不要这样，如果你不想积极认真地生活，在别人那里不管得到什么样的回答都没有用。思考困顿，只是暂时看世界的角度比较单一。

《解忧杂货铺》里有一句话："面对一张白纸当然很伤脑筋，任何人都会不知所措。但是，不妨换一个角度去思考，正因为是白纸，可以画任何地图，一切都掌握在你自己手上。"

如果你积极生活、感受当下，独一无二的思想就是必然的产物。

自律的本质是机械思维

01 你能做到自律吗

你有没有尝试通过自律改变自己？比如，你开始坚持跑步，或者开始尝试早起，希望从此过上晨钟暮鼓的生活，不虚此生。但是，你或者身边人的自律行为，为什么多数情况下都难以坚持，最后不了了之呢？

当然，能够做到长期自律，确实太辛苦了。这意味着在减肥时，不能吃美味的甜食；冬天的清早，要离开自己温暖的被窝……

后来你放弃了，因为找到了某种合理的借口，如跑步其实挺伤膝盖的、早起并不会给身体带来实质性的好处等。

你会认为是自己自控力不够强，或是性格不够坚韧，扭头看看那些能够长期坚持的大神，想想还是认㞞了。他们能做到高度自律，的确让人佩服。

但，真的是这样吗？

如果深度思考，你就会发现，自律这件事，可能和你想象的完全不一样。

02 自律究竟意味着什么

想想看，为什么你一定要自律呢？自律究竟意味着什么？

你可能会说，这不是废话嘛，自律能让自己变得更好。请注意，让自己变得更好，意味着你并不喜欢当下的状态，你希望改变。

这种需要改变和并不喜欢的状态，叫作自我。一个不自律的人，就会显得更自我。这就像筷子的两端，放弃这头，就会走向另一头，如图 1–7：

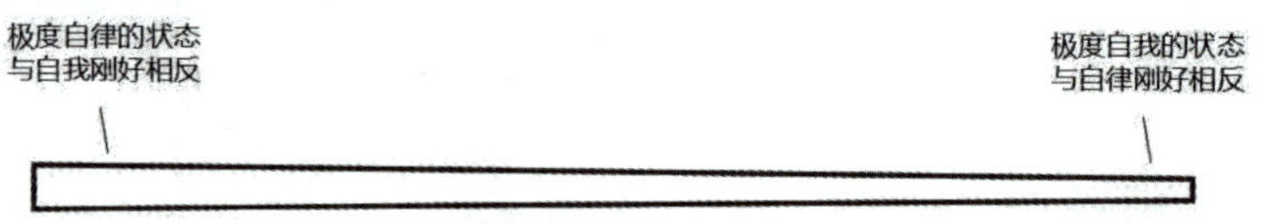

图1-7 自律和自我

很多时候，我们说一个人很自我，大致是指一个人自私、不顾未来、没有时间观念、不太在乎别人的感受。我们想远离这种状态，倒也在情理之中。

它和自律是正、负两个极端，要更好地理解自律，也需要去理解自我。

所以，本篇主要探讨自律系统和自我系统的问题，这是人类最重要的两个动力系统。引用大家最熟悉的《西游记》中的人物形象，用以解释以下三种情况：

（1）沙僧，代表自律系统，自从皈依佛门，清规戒律一直执行得非常不错。

（2）八戒，代表自我系统，贪图享受的代表。

（3）隐藏人物，稍后便知。

03 自律系统

自从皈依佛门，沙僧的清规戒律一直执行得非常不错，给人的感觉是很守规矩。

沙僧可能是你在《西游记》里最不了解的一个角色，他的背后其实有很多隐藏因素。这暗示我们的自律系统也同样如此：

1. 失去控制

正如你从来不注意饮食，然后生病了，这是对身体健康这件事失去了控制。自律的很多前提，都是对某个事件或整个人生失去控制。

比如，你为什么要减肥？那是出于对美失去了控制，也有可能是对“别人对于你现在肥胖身材的评价”这件事失去了控制。

你为什么会自律地去背单词呢？那是因为词汇量不足，会限制你在英语学习上的控制感。

2. 防御机制启动

当你失控时，大脑中的岛叶部分就变得异常活跃，产生的激素让我们感觉十分痛苦。

你本能地想消除这些痛苦，所以你的大脑会采取行动，这就是防御机制（defense mechanism）的启动，主要有以下两个方面：

（1）压抑（repression），去人性化。比如，你喜欢一个女生，对她有很大冲动，但你只能表现得彬彬有礼，慢慢和她接触。这个过程就很压抑。

又如，我前段时间因为痛风，大脚趾肿得像熊掌一样，痛得死去活来。然后，我逐渐开始变得饮食清淡，其中也涉及对美味的压抑。

所有的自律都是去人性化的过程，比如你学会早起、戒赌、戒烟等，都是让我们摆脱人性，成为一种超越人性的理想化状态。

（2）升华（sublimation），使人角色化。经常压抑自己的人性是为了什么呢？为了获得升华，也就是把不好的地方转化为外部认同。

最好的外部认同，就是成为别人期待中的角色。这一点太重要了，事实上我们从小到大，大部分的精力都用在这件事情上。

比如，你在高中时候的自律，是为了获得名牌大学生这个角色；在工作中做到遵纪守法，很多时候是为了成为领导眼中的好员工；而有些女性，终其一生都是为了成为好太太、好母亲、好儿媳。

3. 工业化人格

自律的本质是机械思维，希望用大量重复的活动，取得某些方面的成就。

大家应该深有体会，如你不能看电视而重复演算数学题；或者每天背多少个单词、每天做多少张试卷。

所以，自律这件事并不神奇，本质是去人性化。我们每个人从小就是自律的高手，被训练成获得外部认同的工业化人格。

想想看，身边那些看上去极度自律的人，是不是都需要一个社交平台以求获得认同呢？如果完全没有人去关注他们，那么这些自律的行为能持续多久呢？

04 自我系统

看到这里，你可能会不太认同，“不对啊，越是自律的高手，越不会在意别人的眼光啊”。

不着急，我们再来看看人类的另一套动力系统，即自我系统，很像八戒这个角色。

在他的大脑里，同样有一套工作机制，主要包括以下三个方面：

1. 获得满足感

之前我们说自律是因为对某件事失去控制感，这里就正好相反。当你做某件事时，如果获得了控制，就会获得满足感。

比如，吃了一颗巧克力，你对甜食的渴望就得到了满足；你学会了一道算术题，父母夸你太厉害了，你也获得了社会认同。

然后，你追到了女朋友会有满足感、找到了好工作会有满足感、买车买房也会获得满足感……

当然，每天的小确幸也可以提供满足感，比如村上春树所说的摸摸口袋，发现居然有钱；夏天时，喝到了冰镇的饮料；你打算买的东西恰好降价了；完美地磕开了一个鸡蛋；等等。

2. 因愉悦而不断索取

那么，为什么你会因为这些事获得满足感呢？

麻省理工学院的研究者发现，当人获得满足时，大脑的伏隔核[1]部分会变得异常活跃，它的作用是释放多巴胺，提供欲望被满足的愉悦感。这样，你的大脑就知道了，原来你做这件事（比如吃巧克力、购物）时，是可以获得愉悦的。就像你喂一只小狗吃骨头，它第一次吃的时候感觉太棒了，然后就对骨头永远留下了美好印象。大脑不断驱使它重复做这件事。

[1] 伏隔核也被称为依伏神经核，是一组波纹体中的神经元。在大脑的奖赏、快乐、成瘾、侵犯、恐惧以及安慰剂效果等活动中起重要作用。

3. 不断重复

有意思的事情来了，自律是要求人重复做一件事，而自我是大脑驱使你重复去满足一件事，这两者有什么区别呢?

主要的区别在于目的和事件是否统一：

自律是通过间接手段来实现的，你想达到目标A，而从事事件B。比如，你想减肥（目标A），必须放弃吃巧克力（事件B）。

满足自我只能通过直接手段来实现，目标和事物是统一的。比如，你想吃巧克力，那就直接吃了。

所以，自我系统的本质是拥抱人性，寻求内部认同的自我满足感。

那些看上去极度自律的高手，比如乔布斯对产品的疯狂追求、日本匠人60年只做一件事等，其实都是极度自我化的状态，他们只是沉浸在极度的自我满足感中。

05 隐藏人物

综合一下，你应该已经发现问题了。

沙僧这个自律系统的本质是追求外部评价的间接手段，如你为了拿到大学文凭去学习，很可能并没有深入地去感受知识本身；为了日更文章而去写文章，每天大量更新，却往往会忽略钻研写作技能本身。

所以，多数的自律最终因为外部反馈的枯竭而宣告失败。

八戒这个自我系统，尽管是一种直接手段，却显得贪图当下，不顾未来。

其实稍微细想，你就会发现无论是沙僧这个自律系统，还是八戒这个自我系统，都是在情绪状态下找控制感和满足感，本身都是非理性状态。

这就是多数人当下面对的局面，既很难通过自律去改变人生，又很难通过做一件喜欢的事获得成就感。

那么，你该何去何从？

想想那个隐藏人物，到底会是谁呢？

实际上，这是一个取经团队：你要扮演好唐僧这个角色，然后由悟空去执行具体计划，但需要让八戒来发挥本我，而让沙僧限制一些边缘因素，这样就可以了。

举一个例子，你励志要写很多文章，首先应该平和而坚定地去思考这件事情：我要写什么类型的文章呢？我的时间够不够？我该从哪些地方开始？（这是唐僧的角色）

然后你需要一个大刀阔斧的开始，如查阅大量资料、研究各种写作的技巧和类型、开始制订一个详细的成长计划并付出行动。（这是悟空的角色）

接下来你应该想想动力从什么方面而来，如自己最感兴趣的是哪个部分？写哪种类型的东西最让自己愉悦？（这是八戒的角色）

最后考虑一些场外因素，如你可以给自己设一个番茄钟，或者规定每天写多少个小时等。（这是沙僧的角色）

实际上，这意味着你一个人就是一个团队，唐僧和悟空的角色是最重要的，直接决定了你能在一件事情上走多远。

八戒和沙僧是执行角色，能在具体事件中发挥重要作用。

06 结语

当你开始立志改变的时候是不是应该先问问自己，我是想成就更好的自我，还是想成为一个更好的角色呢?

“成为你自己”，这句话你在之前应该听过无数次了。

现在你是否对此有了不同的理解呢? 不要盲目地成为某种角色。你的所有可能，都在自我之中。

三个思维模型，帮助大脑升级

01 你的大脑应该升级

我先弱弱地问一句，你觉得自己的脑子好用吗？

用一个统计学上的概念，假设 60% 的人大致 4 个小时就能弄明白的事情，你估计自己要用多久呢？

或者开会时，有人对你阴阳怪气地说了一句：“你最近真是深得领导的喜欢啊”，你是否能够及时做出最合适的回应？

比如，女朋友的父母反对你们在一起，对于你们的关系，女朋友也有些动摇时，你会如何想办法挽回呢？

实际上，你几乎一生都会疲于处理这些学习、工作和情感上的问题。你可能经常感叹，人生苦难重重，怎么会有那么多问题不断地出现呢？

我们通常都是不断地去处理各个具体问题，但你有没有想过，是否可以对处理问题的大脑进行升级呢？

这就像家里的电脑一样，各种生活问题就像电脑上安装的不同软件。

如果软件越来越多、越来越复杂，导致系统越来越卡顿时，那你可能就要考虑重装系统，甚至直接换一台高配置的电脑了。

既然电脑都需要升级，更何况我们的大脑呢！

可如何进行自我升级呢？就算能够升级，到底又有什么用呢？

02 大脑的四个版本

我可以很负责地告诉你，升级自己的大脑非常有用，我甚至认为这应该是人生中最重要的技能，没有之一。

人脑的升级并不复杂，它和电脑升级是同一个概念，即增加计算带宽。

这句话该如何理解呢？我根据大脑（前额叶理性部分）计算带宽的大小，大致将大脑分为四个版本，如图 1-8：

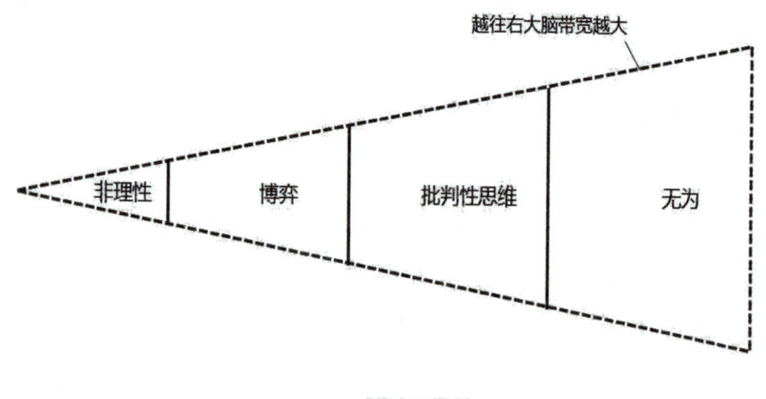

图1-8 大脑版本

1.0 版本：非理性

这是多数人的大脑的常见状态，主要呈现非理性状态，大脑在此阶段也常处于自动驾驶阶段。

非理性不仅仅指冲动。理性和非理性的区别在于：理性能做到控制自己能控制的部分，非理性是指经常去控制自己不能控制的部分。

比如，父亲要求儿子在吃饭时不能玩手机，这就是理性（可控）；而父亲试图控制儿子的婚姻选择，这就是非理性（不可控）。

又如，你们试图练习瑜伽来让自己的身体产生变化，这就是理性（可控），而你试图去庙里拜菩萨，让菩萨将你的身体变得健康就是非理性（不可控）。

2.0 版本：博弈

这个阶段主要是博弈思维或相对思维。形成博弈的最大因素是人的最大利益原则，双方形成你不让我、我不让你的局面。

比如，在一个小区里，你每天早上都会去一家热气腾腾的豆浆店，但是突然有一天，你发现旁边又开了一家豆浆店，那么这两家店之间就形成了博弈。

体育竞技里就存在大量的博弈，比如足球比赛，你进了一个球，就意味着我落后一个球，而在人生中，博弈也无处不在。

3.0 版本：批判性思维

此版本的特征是一种最优算法的状态，主要包括洞见、想象力、批判性思维等。

作家林语堂就说过这么一句话："好的演讲，应该像女士的裙子，越短越好。"这就是对演讲精简的概括。

你会发现那些极富洞见的人，经常可以看到事物的本质，能够提出一种既打破常规但又十分合理的观点。

3.0 版本的大脑里，除了对行业本身有很丰富的体验，想象力也是非常重要的。

4.0 版本：无为

无为实际不单单指老子和庄子所说的无为、佛学追求的无我、心理学上的心流，中国现代许多顶级的企业家，也在追求一种近似无为的状态。

无为几乎是带宽无限的状态。其实每个人都经历过无为，它是一种非常放松、一做事就能做得非常好的状态。

比如，你写作时文思如泉涌的状态，或者开车时面对复杂的交通路况应对自如的状态。

03 如何应对别人的非理性状态

以上大脑的四个版本，是我个人的归纳总结，带宽数值并不能量化，但大致能够说明大脑的不同阶段。

其实，每个人都或多或少地经历过这四种状态，人与人之间的不同，只是在四种状态中所占比例不同。

我们将视角放在大脑 1.0 版本上，即如何应对别人的非理性状态。

我还把以下三个观点做了一些形象化嵌套，我把它称为“西瓜地里选西瓜”：

（1）西瓜田地。一块一块的西瓜地代表了矩阵思维，一种形状很像汉字“田”的思维工具。

（2）两个西瓜。从田间挑选出两个西瓜进行比较，这是类比思维。

（3）一刀切下。如果再不知道怎么选瓜，一刀切下去看到西瓜的剖面就知道了，这是剖面思维。

04 矩阵思维

矩阵思维（matrix thinking）听上去很高端复杂，实际上是一种非常简单而实用的思维工具。

它很像汉字“田”，主要是指把复杂的想法或事物放到四块西瓜地里，通常能够做到让看似混乱的、凭感觉的猜测，一下子变得清晰。

举个例子，你想追求一个女生，却不知道用什么办法去接近她。你可以把女生最重要的方面，比如颜值和才能（包括学习、技能、特长等一切才华），分别填进这四个象限里，如图 1-9：

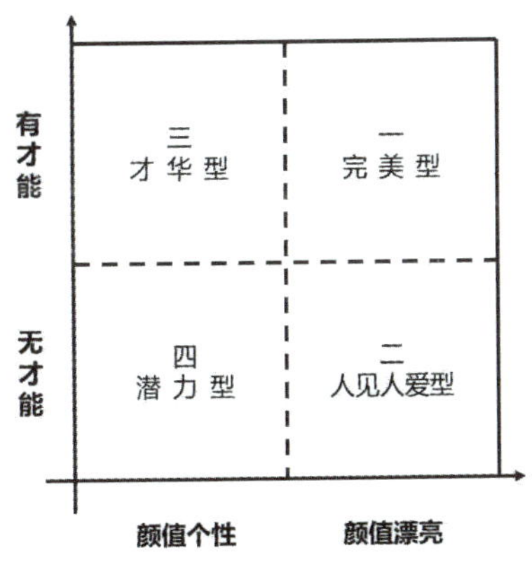

图1-9 女生的分类

（1）既漂亮又有才能。这是完美型，但因为这样的女生太完美，身边往往缺少真实的声音，她们的内心会稍显孤寂。

所以，你应该用真实去面对她，用更多关爱去融化她。

（2）很漂亮，才能一般。这是人见人爱型，这样的女生因为长相甜美，而且一般不争强好胜，所以广有人缘。

这个时候搞定她周围的人，或者在交流时对她的社会群体表示认同往往比较有用。

（3）颜值个性，很有才能。才华型女生值得尊敬，针对这样的女生，你要非常肯定她的才华。

比如，她很爱学习，或者很能挣钱，或者在瑜伽、摄影等方面很有成就，你要对这些不断地表示认同，也就是心理学上说的自尊按摩。

（4）颜值个性，才能一般。潜力型的女生往往自信心不足，那就睁大眼睛去发掘她身上的优点，使她感觉“遇到你之时，有着从未有过的美好”。

又如，如果公司发现员工工作不好，对其进行指责或罚款其实都是非理性的，因为这很难让他们变好。同样使用矩阵思维，我们会发现，工作不好一般有两种情况——不想干好和能力不行。将两者放进矩阵，我们得出以下四个象限：

（1）想干好，能力也不错；

（2）想干好，但能力不行；

（3）不想干好，但能力没问题；

（4）不想干好，能力又不行。

所有的企业都想把后三种员工变成第一种，如图 1-10：

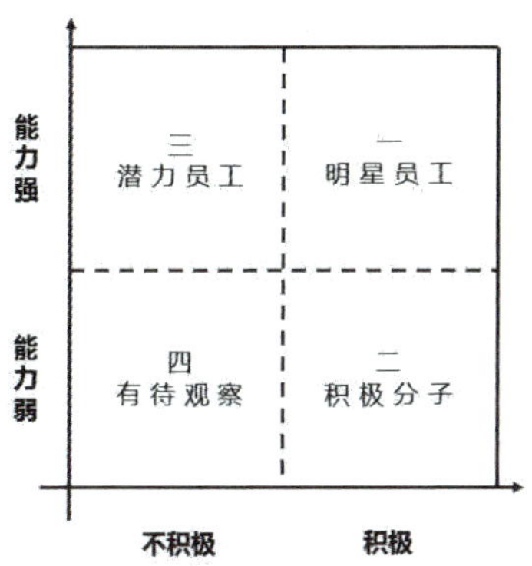

图1-10 员工的分类

第二类员工通常是一些上了年纪，但态度端正的员工，这样的员工应该直接让第一类员工对其进行辅导。

第三类员工往往是一群感觉工作没有挑战的人，应该由领导负责沟通，重新设置他们的游戏规则，让他们恢复活力。

第四类员工更多是受氛围影响，应该尽量让他们加入公司的各种成长型组织，被其他人正面影响。

05 类比思维

一个西瓜到底好不好，再拿另一个进行比较就知道了，这就是类比思维（analogical thinking）。

听上去简单，但是真正能够正确运用类比思维的人很少。

主要是因为进行比较时，我们都是用事物 A 直接比较事物 B。

比如，星爷的经典台词“你好像条狗啊”，两者之间并没有锁定一个标准，所以这样的类比并没有说服力。

他的另一句名言——“人没有梦想，和咸鱼有什么区别呢？”就要好很多。

这是因为通常事物 A 的后面，都有别人想表达的背后的理论，我们姑且称为理论 C。而类比的正确做法是，我们应该根据理论 C 去找一个事件 B 进行类比，如图 1−11：

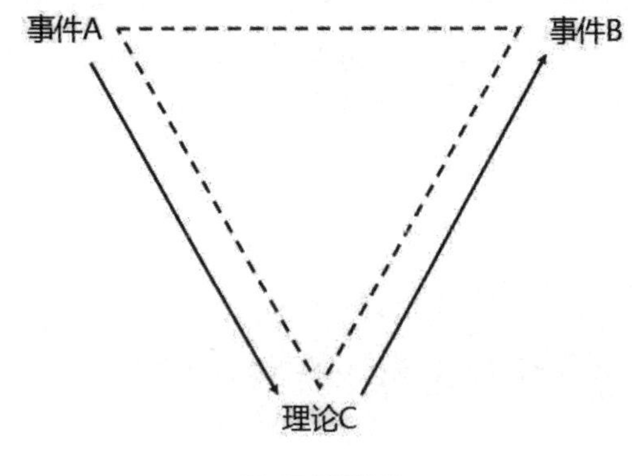

图1-11 类比思维

比如，有人对你说，“你长得这么高，不打篮球真是浪费了”（事件 A），背后的理论 C 是当你在某一方面有优势时，必须去发挥这个优势。这显然是很荒谬的。

因此，你可以用这个类比“您口才这么好，怎么不去说相声呢”（事件 B）。

又如，明朝有个和尚说：“儒教虽正，却不如佛学玄妙，我们僧人能读懂儒教的书，你们却不能通晓佛家的经典。”（事件 A）

其中的道理 C 是一种事物包含另一种事物，那就证明前者更厉害，这个道理其实是经不起推敲的。

所以，读书人张倬回复僧人：“不对吧，比如饮食，人可以吃的狗也能吃，狗可以吃的，人却绝不能去吃了。”

06 剖面思维

剖面思维（section thinking）最早是从建筑学里提出的概念，是指在一些非理性的决策中，经常一刀下去，能够做到快刀斩乱麻的效果。

我们要知道，在任何一个事物中，都存在时间延迟现象。而很多人却天真地以为，事物总是及时回应的。这时就可以用剖面思维去揭露这种非理性。

比如，2014 年德国队力捧世界杯，主持人说这是德国足球重回巅峰，而实际上这是德国从 2000 年开始全面建立青训体系的成果。

又如，2015 年屠呦呦女士获得诺贝尔医学奖时，新闻媒体的反应是“这是中国当代科学的重要突破”，但这实际是几十年前科学界就开始全面建设的成果。

或者你经常听到的中国式的后悔——“为什么我们前几年不在大城市买房呢？”

仔细一想你才发现，普通人在大城市买房的多数动机都是因为毕业，开始在大城市闯荡。

所以，买房的时间轴应该是毕业—工作—买房。

如图 1-12，你在房价还不算高的时候还在大学里，父母是很难想到先买房进行投资的。

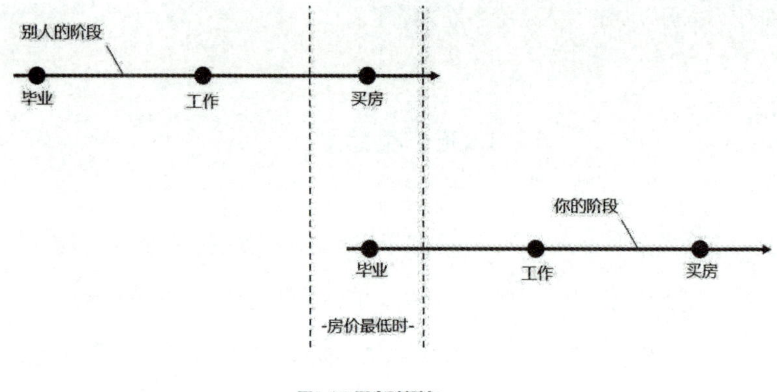

图1-12 买房时间轴

那些恰好在房价便宜时期买了房的人，也只是恰好在那段时间毕业或工作了。

又如，一些初创企业总爱模仿那些成功企业，如阿里巴巴做“双十一”“双十二”，它们就做一个“双十三”“双十四”。

小企业虽然和明星企业在同一个市场时间维度，但所处的阶段其实是不一样的。

运用剖面思维，你会发现，有可能明星企业已经经历了产品驱动—渠道驱动—品牌驱动阶段，而初创企业可能还在产品研发阶段，却学明星企业搞饥饿营销，那多半就是东施效颦了。

07 结语

尼采曾说：“一切美好的事物都是曲折地接近自己的目标。一切笔直都是骗人的，所有真理都是弯曲的，时间本身就是一个圆圈。”

很多时候我们脚力有限，所以，思维总是在天空中到处乱飞。

换个角度，思维才会被你牢牢抓住。

面对竞争的正确姿势是什么

01 优胜劣汰的社会环境

有一天，还在读研究生的妹妹发来微信问我一个问题："你觉得社会公平吗？如果在工作时遇到不公平，要如何应付呢？"

我的即刻反应是，在社会的生存法则中，公平可能是一个毫无根据的概念。

这就像你评价一场足球赛，比如皇马对巴萨，你不能说因为巴萨有梅西，这场比赛对于皇马来说就不公平吧？

如果你实在要说比赛不公平，最多指那个穿黑色衣服的裁判做出了不公平的判决，所以导致了不公平的比赛。

又如，你认为同样都付出了努力，为什么别人总是比我更能获得成就呢？这太不公平了！

这也是因为你假想出了一个裁判，总认为付出是需要得到某个裁判的认同才能获得收获。

所有对公平的期许，都是一种被动姿态。

实际上，社会上从来都是适用优胜劣汰的生存法则，唯有主动面对竞争，才能真正胜出。

02 如何面对竞争

重要的事情再说一遍，期待公平只是一种被动姿态。你真正需要的是主动拥抱竞争，学会什么是博弈。

我用“一场两人的拔河比赛”来形象化博弈理论。假设你在 A 点，而对方在 B 点，面对一场拔河比赛，你们有以下三种博弈情况：

（1）A ↔ B，即相互作用力，拔河中的真实情况，代表“我多一点，你就少一点”，这是零和博弈（zero-sum game）。

（2）A → B，有一种特殊的拔河是看谁的脚步先动。当两个人使劲拉住一根绳时，一方突然松手，另一方就会变得踉跄。你朝相反的反向使力，这是反向博弈（reverse game）。

（3）A&B，拔河双方直接放下绳子，握手言和达成合作共赢，这是正和博弈（positive-sum game）。

03 “A ↔ B”——零和博弈

拔河是一种标准的零和博弈方式，这是生活中最常见的博弈形式，暗指“我的成功建立在别人的痛苦之上”或是“不是你死，就是我亡”。

举一个例子，两个人比赛打架，输了的人要给赢了的人 100 元，一个人如果赢 100 元，那代表另一个人将要输 100 元。两个人的共同收益为 0，所以叫零和博弈。

许多讲零和博弈的文章或书籍里，都强调人应该从零和博弈跳转到正和博弈。

如在一个小区内，老王开了一家豆浆铺，生意火爆；老张眼红，也开了一家豆浆铺。这就不好了，这是零和博弈。

老张应该开一家油条铺，刚好匹配别人家的豆浆，达到合作共赢。这就是正和博弈，因为喜欢“豆浆 + 油条”的客人可能远比两家豆浆铺的客人相加起来还要多。

仔细一想，在生活中我们能够扮演老张的机会其实很少，多数时候我们都是老王这个角色，深陷于直接竞争（零和博弈）中很难跳出来。

这时，我们不妨勇敢地面对竞争。如果遇到针锋相对的情况，不要怕，看清楚什么是关键限制因素，之后就很容易赢得竞争。

比如，小区的单元楼下就有一家豆浆铺，我发现决定豆浆生意好坏的关键限制因素是人流路线。豆浆铺越接近小区大门，人流量越大，生意就越好。这时另一家豆浆铺采取降价或提升品质的方法，对于早上急匆匆去上班的人意义都不大。

又如，决定高考的关键限制因素很可能就是死记硬背知识，一些主动式的学习方法可能在考试这种短期收益中，并没有死记硬背的效率高。

在相亲的时候，很多人会觉得女方很势利，总是关心男方有多少财富。但这种博弈的关键限制因素其实是女性的安全感，如果双方足够熟悉，并且女方从其他方面得到了足够的安全感，一般人是不会太注重物质财富的。

每天发生最多次数的零和博弈是在办公室中，上级总是埋怨下级执行力不行，而下级又总是对上级的工作安排非常不满。实际上，双方的关键限制因素是交代任务是否清晰。很多日本企业高效的原因正是领导在布置工作时，会对员工重复五次以上，直到下属完全明白工作内容。

04“A→B”——反向博弈

有一种特殊的拔河方式是看谁的脚步先动，当两个人使劲拉住绳子时，一方突然松手，另一方就会变得踉跄。别人越使劲，你越放松，反而会取得越好的效果，这是反向博弈。

反向博弈经常会出现惊人的效果，直接使对方蒙掉，瞬间败下阵来。

比如 1991 年 NBA 东部决赛时，公牛对战活塞。迈克尔·乔丹和防守他的对手“坏小子”伊赛亚·托马斯在第二场爆发了口水战。但在下一场，乔丹主动拥抱并表示对手是一名伟大的防守专家值得尊敬，托马斯受宠若惊，直接蒙掉。结果那场球赛他又被乔丹打得体无完肤。

实际上，这个道理最早在老子的《道德经》中就写得非常深刻，在第三十六章中强调“将欲歙之，必固张之；将欲弱之，必固强之”。用流行的话来解释，就是“欲让其灭亡，必先使其嚣张”。

在实际生活的应用场景中，互换角色也是一种非常高明的反向博弈方式。

比如，孩子不愿意做爸爸留的课外作业，于是爸爸灵机一动说：“儿子，我来做作业，你来检查如何？”孩子高兴地答应了，并且把爸爸的作业认真地检查了一遍，还列出算式向爸爸讲解了一遍。

只是他可能不明白，为什么爸爸做的所有作业都是错的。

又如，在一场心理咨询中，一位妻子抱怨道：“我每天做饭、洗衣、打扫卫生，照顾孩子和丈夫的饮食起居，成天叮嘱他们的学习和工作。结果他们反而觉得我烦，成天因为琐事吵架。”

心理医生说：“那你为什么不尝试不照顾他们呢？”

妻子又说：“那怎么可能？他们离开我肯定活不下去。”

事实上，第二天妻子真的开始尝试不照顾父子俩，也不去唠叨。结果她发现，他们非常开心，随后一周内也基本不去管他们，大家的关系反而变得非常好，重新回归到亲密关系中。

05“A&B”——正和博弈

尽管在拔河的时候双方不能握手言和，但在真实的世界里，我们却能够因为合作而让双方的利益达到最大值，也就是 1+1>2 的效果，这是正和博弈。

刚刚举豆浆铺的例子时我就提到，大家都在说不要低效竞争，要寻求合作，但把敌人转化成合作者，如此困难的一件事，如何才能做到呢?

如果两个人在拳击场比赛，有人买票观看，无论输赢，他们都不止分到 100 元，这就是正和博弈。比如梅威瑟和帕奎奥的世纪大战，无论谁输谁赢，两人都共同分走了 4 亿美元。

史蒂芬·柯维的《第三选择》中基本也都是在讲正和博弈，书中有一个例子是这样的：

一位母亲听说孩子的音乐课被取消了，她怒气冲冲地找到老师想知道原因。老师说原因就是政府要求增加在阅读和数学方面的时间。

这位母亲本想抨击政府，但突然想到了一个点子："肯定有办法能让孩子们同时学习音乐和基础课。"老师眨了眨眼睛说："当然，音乐包含数学思维。"

于是，爱好音乐的家长和一个愿意研究的老师就合作开发了一系列通过音乐讲授数学的课程。

所以你会发现，合作的关键，其实是突破封闭系统。两个人打架，就加入观众观看；音乐课与数学课有冲突，那就制造两者融合的第三种课程。

06 结语

你 get 到了这三种面对竞争的博弈方式了吗？

遇到零和博弈时，要找到关键限制因素。

使用反向博弈，需要切换到别人的角色。

要达到正和博弈，需要突破封闭系统。

虽然它们只是博弈论中最基础的三种方式，但如果你不断练习，就会受用终身。

《肖申克的救赎》里有一句话是这样的："我知道生命可以归结为一种简单的选择，忙于生存或者急于死去。"

如果你的天空暂时黑暗，没有关系，摸黑站起来，尝试用勇敢和热情去战斗，然后以自己的方式去揭示它——生存的意义。

人生问题的终极解决方案是什么

01 工作的状态

工作时你是一种什么样的状态呢？一般人很难回答这个问题。

我曾经听到过一个比较有意思的说法：工作，其实分为苦作、劳作和精作三种状态。

什么是苦作呢？就是被迫去做自己的工作，自己会感觉很痛苦。

比如，在工地上扛两百斤的砖头，谁愿意做呢？这就很苦；你在周五马上准备打卡下班，晚上挺期待一个朋友的小聚会，结果上级突然让你加班做一份 PPT，非常紧急，你不得不做，这就很苦。

什么是劳作呢？这是多数人的工作状态，反正上级布置什么任务就做什么任务，每天用自己的时间换回报酬。

什么是精作呢？就是你能把所做之事打磨成一件作品或一种产品。

比如还是做 PPT，你潜心钻研 PPT 教程，学习排版和配色，最终做出的 PPT 很可能就是一件作品。

又如，同样都是整理家务，藤麻理惠能发明出一套整理术，写出《怦然心动的人生整理魔法》这本书，而多数人却在做家务这件事上感觉身心俱疲。

能够做到静心打磨自己工作的人，其实是非常稀少的。

因为这需要不断地突破自我的极限。普通人对于这种改变可能连 5 分钟都坚持不了，更不用说日复一日地自我破坏性改变。

既然改变自我如此痛苦，那不如直接拥有一种没有自我的特质，这就可以让改变变得非常轻松了。

这就是无我的境界。

02 什么是无我

我们普通人活在这个世界上，每个人都有自我的形状，才会经常对别人评头论足，也会在乎别人的评价，才会坚持自我、不愿改变。

真正的高手，就像盐粒那样，你看不见他，他却无处不在。他没有自我的形状，没有自我的感受，所以也不去和别人比较，也不会计较自我得失。所以他才能无坚不摧，我们把处于这种状态的人称为觉悟者。

放在精作这里就非常好理解了，如果一个人非常专注于产品本身，以至于根本不在乎自己的得失、感受和外界的评价，这样创造出来的产品，多半属于上乘之作。

比如，稻盛和夫接受记者采访时说到，京瓷（他创办的公司）从来不关心我们是否拿得第一，因为这就意味着和别人比较。真正伟大的产品根本不需要和人比较，而是要做到极致。

当然乔布斯也是无我哲学的虔诚修行者，在他的《乔布斯传》里曾透露出，一个伟大的产品经理，多半是处于无我状态的。因为这需要完全站在用户的角度，但又不会被用户所绑架。只有这种极致自由的灵魂，才可能设计出最伟大的产品。

我尝试从心理学、进化学和脑神经科学的角度，来解释无我这种境界，核心就是，你的“自我”，根本不存在。

03 身体不是“我们”的

你的身体至少被三拨“匪徒”绑架，他们分别是基因（gene）、模因（meme）以及各种微生物（microorganism）。

它们的共同特点是复制，即不断地让自己繁衍。它们控制并利用人类这个载体，极大地左右了我们的行为。只是三拨匪徒控制的方式各不相同。

（1）基因的复制方式主要是通过遗传，所以生育后代这件事就是基因的头等大事。牛津大学的教授理查德·道金斯把它们称为“自私的基因”，在人类繁衍后代这件事上，它们真是费尽心思，甚至不惜以牺牲人类身体作为代价。

比如，有一种老年疾病，叫作亨廷顿舞蹈症，患这种疾病的人，手和脚会不受控制地舞动，就像在跳舞一样。

这是因为基因序列里有一个突变的基因，它会产生一种持续损害人体运动和认知系统的蛋白。

这种蛋白对人体的损害很大，但是它能够在妇女生小孩的时候提高她们的免疫力，使得生出来的小孩不易夭折。

（2）模因（也译为觅母），它的复制方式是信息扩散，所以也叫文化基因，是我们的社会文化与文明的基本单元。

比如，拉肚子是因为吃了不干净的东西，这就是一个建立在现代科学上的模因；而身体不舒服是中邪了，这就是古代科学不发达的模因。

很多模因的传播可以传承数千年，《易经》中的“天行健，君子以自强不息”深深地影响了中国人的品格；但是有些却逐渐被社会淘汰，如“女子的三从四德”“裹足”等就基本消失了。

卡尔·荣格提出的集体意识大致也与这个概念类同。说白了，你活着是为了什么呢？就是为了社会属性的传承。你，只是传承中的一个工具。

（3）微生物的复制手段主要是物理手段，即在你身体里不断繁衍生息，即使你死亡了，它们也会逃出体外，寻找下一个宿主。

微生物对我们的身体有着深远的影响，你的性格、情绪、体形都有可能受微生物影响。

比如，肠道内的 4-EPS 分子（一种胞外聚合物），与小孩患自闭症有很大关系。

又如，体内如果含有 TLR5（Toll 样受体）这种微生物分子，你就会经常产生饥饿感，从而吃得过饱，以致身体肥胖。

所以，我们很难对自己的身体进行控制，如你看到一块极致美味的巧克力，你能控制自己不去吃吗？因为基因需要你吃下去。而抽烟的人可以控制住自己不去抽烟吗？这是菌群导致的行为。

你连自己的身体都没有办法控制，哪里还是自己呢？

04 感受和想法不是“我们”的

我们的身体感受也同样如此，本质上就是一些神经电信号，但我们自己总喜欢赋予它们一些内涵。实际上，这些内涵多数是没有意义的。

这里象征无我的第二个方面，即感受和想法不是我们自己的。

为什么想法和感受都是空的？举一个例子：

周末你去逛美术馆，在第一间展览室里挂着一幅画，画上只是一片红色。你小心翼翼地走上前去，阅读了标题“观看红海，公元 215 年”。

然后在下一间展览室里，你惊奇地发现，这里竟然挂着同一幅画！不过这幅画的标题是“敦刻尔克的心情，1870 年”。

最后在另一个角落，你居然找到了第三幅同样的画，它的标题是“莫斯科红场，1975 年”。

这三幅红色的画，是 20 世纪初美国艺术心理学家丹托在一家美术馆做的一次心理实验。实验结果是，80% 的人都坚信自己看到了红海、敦刻尔克和红场。实际上，这三幅画都是波长在 625 ~ 740 纳米（红色）的一种可见光而已。

这说明，人们总是习惯为事物赋予一个内涵（essence），也总是希望用这种内涵去进行想象。

比如，在迪卡侬超市内售卖的足球可能只值 10 美元，但罗伯特・巴乔在 1994 年世界杯点球大战的最后一轮射飞的那个足球，被一个阿根廷球迷捡到后，竟然被拍卖至 6 万美元。

又如，一枚结婚戒指，本来它只是一枚戒指而已，但这枚结婚戒指在你手上戴了三四十年，它对你来说就意义重大了，绝对是同样的新戒指比不了的。

一幅名画是真迹，人们就觉得特别好；如果这幅画是高仿的，哪怕仿制得再好，价值也会大打折扣。

多数时候，这些内涵只是源于我们对于自我的认知惯性。这就像你掉入水中，但是你的形状像一根针，有自己的高低、长短、质地，那你就没有办法融入周围。你总是以自己的高低去评判别人，总是用自己的长短去衡量事物，总是用自己的过去揣摩未来。

这样就大大抑制了我们的自我发展，以及处理事情的能力。

厉害的人从不往自己身上贴标签，因为贴上标签会大大抑制自己的发展。

05 意识不是“我们”的

我们到底有没有自由意志呢？这是一个被辩驳千年的哲学问题。

按照现代心理学模块论的说法，你的身体里其实住着很多个自我，你很难分清楚，到底哪一个才是真正的自我。

比如，你想买一辆车，脑子里面就会有很多声音同时出现，“这车的外观太好看了”“但是空间太小不实用”“不知道网上的评价如何”“朋友看到会不会觉得这车不符合我的气质”……

通常来说，很多人会认为自己具有双重性格。2013 年，进化心理学家肯里克和格里斯克维西斯写了《理性动物》一书，书中提到其实人的大脑至少有七种思想模块（如图 1–13 所示），它们分别是：

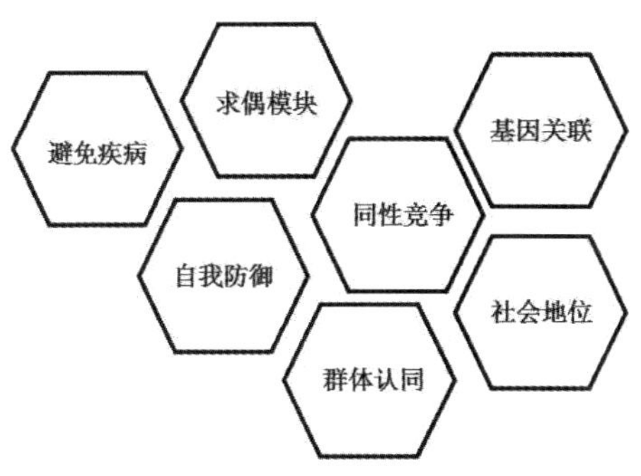

图1-13 大脑中的七个模块

避免疾病：你天生就喜欢干净舒适的环境，肮脏的东西会让你恶心。

自我防御：看到狮子或演讲这些令人恐惧的东西，你会紧张并逃跑。

求偶模块：看到漂亮的女生就忍不住想表现自己。

同性竞争：如果你去参加女朋友的同学聚会，就会止不住和她的男同学产生竞争心理。

群体认同：渴望加入班上某几个人所组成的小团体。

基因关联：对有血缘和基因关联的长辈或兄弟姐妹有着天然的关爱心理。

社会地位：追求职位和金钱。

从某种意义上来说，人是自然界最纠结的动物。我们每次做决策的时候，就像地球上哪天发生了什么大事（比如外星人来了），然后联合国召开会议，七大洲（人脑七大模块）相互吵闹得不行，乱成了一锅粥，结果往往都是不了了之。

我们所谓的自由意志，可能只是相当于联合国发言人这样的角色，等七大洲吵完了，比如这次大洋洲获胜了，联合国发言人就站出来总结陈词了（这相当于《未来简史》中的“叙事自我”的概念）。

从 20 世纪 60 年代开始，大脑神经学更是从大量实验的角度证明了自由意志是个伪概念。

德国神经学家汉斯·科恩休伯和吕德尔·德克发现大脑里准备电位（bereitschaftspotential）的现象，大致是指，大脑在人体的意识之前就已经进入了一种特殊的状态。

比如，你在课堂上举手，简单来说应该有三个动作，如图 1-14：

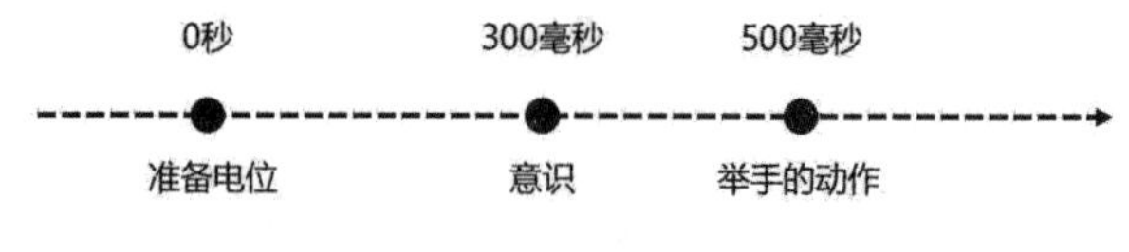

图1-14 课堂上举手的三个动作

A. 举手这个行为，也就是手举起来这一刻。

B. 大脑产生举手的想法，比 A 早 200 毫秒左右。

C. 大脑举手前准备电位激活，比 B 早 300 毫秒左右。

换句话说，当大脑产生一个举手的准备电位之后，需要再过大约 300 毫秒，大脑才会产生想举手这个想法。

那么，我们的想法并没有直接决定动作，它又有什么意义呢?

在《未来简史》中，赫拉利借用了丹尼尔·卡尼曼的理论，把人的自我分为体验自我（experiencing self）和叙事自我（narrating self）。我们所谓的理性，也就是叙事自我这一部分，很多时候只是用来帮助我们理解这个世界，并找出自己行动的合理理由。

借用《黑客帝国》里的一句话：“其实你已经做了选择，只不过你在试图理解这个选择背后的原因。”说的也是同样的机制。

但是，随着更多实验的进行，“自由意志是一场幻影”这种说法越来越受到神经学家们的认同。

06 结语

上个星期，父亲检查出胃上有一块息肉，透过胃镜拍摄的照片让人触目惊心。医生告知一定不能再让父亲抽烟、喝酒了。

但父亲有几十年的烟龄，每天吃饭也有喝二两白酒的习惯。

在让他彻底戒烟、戒酒时，他感觉非常无奈：“这几十年的习惯，怎么可能说戒就戒呢？”

其实我想表达，这些哪里是你的习惯，只是你身体内的那些各种贪图享乐的基因和微生物的习惯。

无法做出改变，只是因为放不下我们这个虚假的自我而已。

“无我”两个字经常被人误解为我不存在，这主要是因为翻译成中文的时候不够准确，因为“我不存在”的英文表达是 no-self，而正确的英文表达其实是 not-self（不是我）。

你要如何找寻人生的意义

01 成长需要反馈

你认为获得成就最简单的方式是什么呢？

正常人的一般反应是，每天坚持做一件事，一直做下去，坚持几年，或者几十年。

比如，每天健身一个小时，坚持 5 年，你很可能会获得梦想的体魄，因此成为健身专家，拥有大批粉丝，有可能因此获得财务自由。

格拉德威尔在《异类》一书中提出的“1 万小时定律”，更是为此提供了理论支撑。

我一直以来的疑问是，为什么绝大多数人都难以坚持呢？也许我们可以做到坚持一周或一两个月，但是再久一些就难以坚持了。

我在之前的文章中提到过，这是确定性反馈的问题，通常我们会陷入因对数增长或指数增长这两种反馈不及时而导致的情况中。

我还忽略了一种情况，就是在完全不需要反馈的情况下，我们仍然可以将一件事坚持很久。

比如，你每天会去上班，坚持几十年对于你来说似乎不是什么问题。请注意，这可是一件很难的事情，你需要每天坐 8 个小时，和不喜欢的人相处，还压力超大，经常加班。但你依然可以应付自如。

又如，你每天会刷牙、喝水、吃东西、和你爱的人打个招呼。女生每天会化妆，并且经常保持逛街的习惯。在家里你会每天打游戏、看电视，也会去阳台上给你的花花草草浇水。

这些习惯为什么就能长期坚持呢？它和那些需要咬紧牙关的坚持有什么区别呢？

02 找到意义是人的本能

区别就是，你是否在这件事上找到了意义。

尼采曾说："一个人知道自己为什么而活，就能忍受任何一种生活。"

比如每天吃饭、喝水、工作，这就是生存的意义；女生化妆、逛街，这就是自我存在的意义。

我曾经在一场读书会上向别人分享过这个观点，当时大家的反应是："改变一个习惯，有必要上升到意义的高度上去吗？"

实际上，这是我们多年的思维误区。找到意义并不是一件多么有高度的事情，实际上它是大脑的原始本能之一，是一件普通得不能再普通的事情。

在丹尼尔·博尔的《贪婪的大脑：为何人类会无止境地寻求意义》这本书里，介绍了一个大脑神经元进化的事实。

在原始生命时期，脑神经元中的信息可能是非常单一的，比如类似红色、一个圆点之类的简单的想法，而不是诸如动物、树木之类的整体概念。

而当人类在早期的智人阶段，面临的生存压力十分巨大，他们的交流越来越多，这时大脑又进化出团队、重量、形状等更复杂的抽象概念。

然后在智人的成熟阶段，也就是大约 5 万年以前，人类更是进化到开始对事物进行虚构，最终产生故事、图腾崇拜等内在信念（blind beliefs）。尤瓦尔・赫拉利在《人类简史》中反复提到，正是因为人类这种讲故事的能力，才让我们拥有了更大规模群体合作的优势，最终引领人类统治了地球。

大脑神经元的特点是，如果认知一个单一信息，比如红色，只需要动用很少的神经元组合；如果认知一个复杂的概念，比如国家、宗教等，则需要动用几百万个神经元才能完成。

从单一信息到整体概念，再到抽象概念，最后到复杂的内在信念，这整个过程就是大脑神经元不断组合强大的过程，如图 1-15：

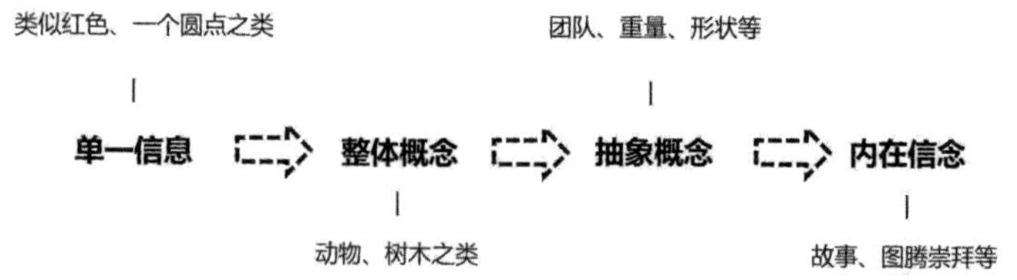

图1-15 人脑对于信息的进化

这意味着，人脑的进化做的最重要的大事，就是在不断地找寻意义。所以，人类根本无法忍受一件事情没有意义。

在古希腊神话中，因绑架了死神而遭遇惩罚的西西弗斯，受到了希腊众神认为的最严厉的惩罚——把石头推上山，但石头永远都会在快到山顶时又滚下来，如此周而复始。这种彻底无意义的事，无比摧残一个人的心智。

然而多数人在做自己的事情时，却常常重蹈西西弗斯式悲剧。所以才会遭遇大脑本能地抵制，让你一事无成。

“找寻一件事的意义”这项技能，原本就是你的天赋。请你一定要找回它！

我把找回的这个过程称为“大航海时代的开端”，源于哥伦布在1492年航海时发现美洲新大陆的场景，包括以下三个方面：

（1）始入大西洋。1492年8月，哥伦布首次将三艘舰艇驶入大西洋，面对浩瀚的大西洋，敬畏之心油然而起。这里象征找寻意义的第一部分心生敬畏。

（2）大西洋风暴。航海中有很大概率会遭遇暴雨天气，世事本就无常。这象征找寻人生意义的第二部分，学会拥抱不确定性，即认知无常。

（3）平静的新美洲大陆。1492年的美洲大陆是平和而美丽的，这与黑暗的中世纪欧洲形成鲜明对比。象征找寻意义的第三部分，即涅槃寂静。

03 心生敬畏

什么是敬畏（awe）呢？简单来说，就是在你看到一种比自己强大得多的事物时，所产生的那种肃然起敬的情绪。

比如，当你第一次看到大海时，那种一望无际的深邃会让你感到敬畏。

又如，你是一个非常喜欢英语的大一新生，有一次遇到一个能够做同声传译的师姐在分享自己的学习经历，你也会对她产生敬畏之心。

或者你加入了一家新公司，几天感受到了团队的超级能量，你也会对这个集体产生敬畏。

敬畏是一种从心底油然而生的心理反应，是你切实感知到了当下事物的强大。

比如，有一些职场老人，自认为在岗位上已经得心应手，甚至可以呼风唤雨，那么，他几乎不会对工作有什么敬畏之心。他们至此很难从工作中找到意义，而且可以确定的是，他们在工作中肯定算不上厉害角色。

因为真正厉害的人，一定是看到了这个领域的浩瀚。如一位设计师，如果局限于自己每天的业务中，肯定算不上什么；如果他能参悟哲学和设计的关系，设计的范畴就浩如烟海了。后者就是山本耀司的境界。

这些对自己的工作保持敬畏之心的人，越是不断探索，越是感觉到自己的渺小，他们每天都欢欢喜喜地走在探索之路上，哪里还需要坚持呢？

如写作这件事，那些声称自己在写作上有所收获和成就的人，以及分享教你几个技巧的这些人，他们自身多半也是刚刚入门。

写作境界之宽、涉及面之大，其中其乐无穷，所能沉浸于其中的人，无不感叹自己的渺小，哪里还敢妄称自己是高手啊？

04 认知无常

为什么你需要认知无常呢？这是因为，我们总是盲目地放大了自己的控制感，这其实是妄念。

从心理学的角度看，婴儿在出生后，觉得自己是无所不能的神［全能自恋（almighty narcissism），一种婴儿的心理表现，很多人将这种状态延伸到成年］。随着日渐长大，他逐渐发现很多东西不是由自己掌控的，比如饿的时候哭，但是有时候父母不会及时送来吃的，原来父母才是自己的掌控者。

我们都说一个人是否成熟有一个很重要的衡量标准，即看他是否能够大致分清楚自己能掌控什么、不能掌控什么。

实际上，你能掌控的事情，远远比你想象中少得多。

比如，面对你最爱的人，表面看你拥有的关系，她是你的女朋友、他是你的孩子、他们是你的父母。

但别人其实根本就不属于你，他们的想法、对你的态度，你根本无法控制；当你看到父母逐渐老去，甚至被病痛折磨时，你也无能为力。

又如，你坚持创业，认为自己在 3 年之内一定可以把公司做到上市。也许这看上去很励志，但用佛语来说，这就是妄念，因为一个人很难在计划的时间内掌控一家公司的成就有多大。

05 涅槃寂静

我们在生活中，总是有简单归因的习惯，认为每件事的发生都是有原因的，每件事的发生又都会有一个结果。

比如，你今天在单位和同事闹了矛盾，回家后把情绪传播给了老婆，然后老婆不开心，又在训斥儿子，儿子又去踢猫。这种“踢猫效应”无处不在。

所以，你只是生活在世界大循环中的一个小环节，没有自由。

而真正的自由需要跳出这个循环，至少在做某件事时可以跳出来。

比如，小朋友喜欢打游戏，那纯粹是因为喜欢。没有任何其他原因，他们其实做到了局部的跳出。

你做自己的工作就会思前想后，总是被各种声音束缚，很难跳出。

你要达到对某件事物的追求，就必须跳出固定思维！

这里涉及两个词语，一个叫“无常”，一个叫“涅槃”。无常是让我们不要去妄求一件事的结果；而涅槃则是让我们跳出这件事所有的束缚，也就是修行者所追求的最高境界。

我们之前做什么事情，都是有条件的；涅槃，就是摆脱了因缘的控制，变成了无条件的。

比如，在心理学中强调对待孩子应该采用无条件的爱，说的就是同一个原理。普通父母难以做到这一点，只有涅槃的父母才能做到。

当你无所求、无所欲，专注于当下之事时，也许才能把一件事做到极致，也就是达到涅槃寂静的境界了。

06 结语

记得马云在接受采访时，说自己对钱完全没有兴趣，然而舆论一片哗然，说他有装腔作势之嫌。

但是，我相信他说的就是自己内心所想，因为在这个世界上有一些事，比钱重要。

茨威格曾经说过一句话，“一个人生命中最大的幸运，莫过于在他的人生中途，还年富力强的时候，发现了自己的使命”。

找到意义，不是人生的终点，而是你走向未来的起点。

第二章

认知效率：

重塑大脑的认知系统

知识的本质，让你的人生从混乱走向清晰

01 什么是划算的事

你经历过的最不划算的事情是什么呢？是买了一部手机，过了没多久就降价 30%？还是花了 4 年时间谈了场恋爱，结果说分手就分手？

关于划算的讨论，在经济学界争议最激烈的，多半是上学这件事。

如果按小学平均每天 8 个小时学习时间，初中、高中、大学平均每天 10 个小时学习时间，除去每年的寒暑假和节假日（实际这段时间你也在学习），你从小学到大学毕业大致会花 35 000 个小时，如果加上研究生毕业，那就超过 40 000 个小时了。

你想想如果自己用 1/4 的时间，也就是 10 000 个小时学一种技能，如学小提琴或者像丁俊晖那样打台球，你都有可能达到专业级水平。

你偏偏花了 40 000 个小时去学校，即使你是学霸，在毕业后两年，也可能会把学到的知识忘得一干二净。

你可能会说：“不对啊，忘记知识没关系，重要的是我学会了知识背

后的思维方式。”这可能只是你的一厢情愿。至少在美国，许多统计结果都显示，学生并没有因为知识而普遍性地让自己的思维能力提高。

平衡记分卡的创始人罗伯特·卡普兰在教经济学时，测试了经济系的大学生，结果 4 年下来，真正具备经济学思维方法的，只有 4% 的学生。

也有人将刚进入硅谷的应届毕业生和相同专业的大一新生作对比，发现他们的逻辑推理能力几乎都是一样的。

02 将人分类

实际上，学校的一大功能不仅是让你学习知识，还有将人分类。

社会的优秀资源都是有限的，所以必然会有一个看似公平的分类机制，让其中一部分人能够匹配。

你想想高考的大部分知识，一般人在工作、生活中根本用不到，那么为什么每年的高考题还那么难？因为只有够难才能把人和人区分开。

从现代教育在 19 世纪的普鲁士诞生开始，就是一套为工业化设计的选人机制，随后 200 年至今，几乎从没有变过。

为了达到这个将人分类的目的，它有以下三个不可或缺的因素：

1. 培养机械思维

机械思维的本质，是用简单的公式和语言描述清楚世界的规律，如牛顿的万有引力公式、能量守恒定律等。

有人认为工业化让人成为没有思维的工具，这种说法不完全正确。

其实我们也学会了机械思维，有了这种统一的思维基础，整个社会的思维才能被连接起来。

2. 设定标准化

教育的标准化（K12，“K”代表幼儿园，“12”代表从小学到高中的 12 年）最早在 1892 年由美国提出，然后迅速普及全球。

我们用统一的教材、统一的考试标准，同年级的每个人在学习进度上也都是一样的。随后社会迅速进入一种平均主义时代，你必须按一种标准生活，这就是工业化的基础。

3. 发放学历证明

这是一种非常精妙的设计，学历证明的流行让学生—学校—企业之间的信用体系逐渐形成。

从此，我们再难摆脱变成机器零件的命运。

03 如何学习

你可能认为成为一个机器零件不是也挺好的吗？至少能让自己衣食无忧。

那是因为你们把自己当成了工具。一旦涉及需要调用人的部分，你会发现，自己的思维能力、情绪控制能力、表达能力、事物判断能力和分析能力、人脉关系、情感关系、理财问题、如何与父母相处、子女教育问题等，这些人生中最重要的部分，你的认知其实都处在入门级别。

可怕的是，我们根本就没有意识到它们有多重要。

作为一名知识发烧友，这几乎就是我生命中最重要的事——我们该如何学习知识呢？

我借用“在混乱的海里捕鱼”这个场景去形象化以下三个重要的观点，方便读者的理解：

（1）浑浊海水中的清道夫。人生总是从混乱到清晰，就像海水一样。第一个问题，你为什么要学习知识？

（2）渔网。捕鱼最有效率的方式是直接用渔网捞走一大群。第二个问题，我们该怎样捕获知识？

（3）大鱼。海里的鱼那么多，什么才是属于你的大鱼呢？第三个问题，什么才是真正重要的知识？

04 为什么要学习知识

传说中有一种鱼，专门靠吃水里的杂质和浮游生物为生，所到之处海水会变得非常清澈，这种鱼被称为海里的清道夫。

知识扮演的就是清道夫的角色，你为什么需要它们呢？

因为知识的本质，就是使你的人生从混乱走向清晰。

你需要理解一个最近比较火的词——信息熵。它是描述一个系统中无序程度的概念，熵越大就越混乱。

比如，我们看一本心理学的书，同学A本来就是心理学专业的，里面只有三个概念是他之前不知道的，那么他很快就能看完这本书，他只需要做到（3→0）这个过程就可以了。

同学B从来没有接触过心理学，对他来说这里面有五十个完全陌生的概念，信息熵就很高。而且每弄懂一个概念，他可能需要搜索了解十个概念，这时就要做到（500→0）。

同学C本身是一名抑郁症患者，因为抑郁造成的生活混乱指数超过了10 000。那么他研究这本心理学书籍就显得很划算了，他虽然花了（500→0）的代价，却解决了（10 000→0）的问题。

当然，信息熵的公式远比这个复杂得多，我只是让大家更简单地明白其中的含义。

你会发现，能学会运用知识的一般只有同学A（自带体系，学习很容易）和同学C（迫切需要改变自我）这两种人。

这相当于只有你无比饥饿时，才能找到真正的大鱼。

多数人是同学B，他们并没有那么饥饿，即使看到大鱼跃出水面，也只当看了一次风景。比如每天背单词打卡、学习演讲或学乐器。最多应付一些自己的焦虑，坚持不了几天，最后就不了了之了。

05 我们怎样捕获知识

刚才我说到了同学A，也就是那种自带体系的人，比如埃隆·马斯克，他可以花4天时间自学排水系统，从而开除公司里负责这块的工程师。

他能做到如此高效，原因在于他是用渔网去捕鱼，而不像多数人那样用双手去捞鱼。

打捞知识的渔网，我没有办法直接给你，只能告诉你方法，需要自己去编织。

主要有以下三层：

1. 让知识之间建立连接

你要知道，真正导致知识水平差异的，往往不是知识的数量，而是知识之间的联系。

高考 650 分的人和高考 400 分的人，所学的书籍和资料基本上是一样的。造成巨大差异的，更多的是考 650 分的人更善于建立知识体系，他们的知识都是成块的。

这是因为你掌握了一种知识，那就只有一种；如果你掌握了十种，那么每增加一种知识，你就相当于多增加了十种，前提是如果每种知识都可以和之前的知识联系在一起。

2. 运用第一性原理

第一性原理是埃隆·马斯克最推崇的分析解决问题的方法，主要让我们从事物的本源去分析问题。它的好处在于，处理的信息熵程度最大。

这就像如果你牙痛，每次吃消炎药却经常复发，给你造成了多次痛苦，那不如直接拔掉。

3. 建立知识的视觉感

为什么一定要把知识视觉化？这是因为大脑 75% 以上的神经元都是视觉神经元。我们对抽象的概念很快会忘记，而对视觉化的知识却记忆深刻。

所以，这就是为什么我在每篇文章里，都会给观点加上一个视觉化的比喻形象。比如介绍一个观点，你可以用“培根三明治”来比喻，培根是观点，生菜是论据，而两片面包刚好是开头和结语。

06 真正重要的知识

什么是你真正应该捕获的大鱼呢?

刚刚我们说到了同学 C，那种感到自己无比饥饿的人，最迫切想改变自我的那部分人。没错，最重要的知识就是你自己，即你的自我系统。

比如，你可以先画一个自己的人像，从自己最重要的方面出发，那肯定是大脑（神经学），大脑产生心智活动，而心智又分为意识和潜意识。

再稍微往外延展，你会发现需要和人交流，那么表达就是一个重要的部分，随之你应该如何建立你的人脉关系。当然，这主要分为情感关系和利益关系。

同时你需要创造一些价值，用以交换提供自己生存的条件，所以你需要理解什么是工作，这里面涉及管理、创业、产品和市场营销等。

最后，你需要把自己的基因繁衍下去，所以你要学会如何追一个女生、如何建立一段感情，然后结婚生子，以及学会如何去养育下一代。

看到了吧，你的人生系统大致勾勒出来了。带着这套系统，你会发现，自己遇到的人生问题，几乎都有无坚不摧的感觉。这也是我想追求的终极境界。

比如，你的小孩总是玩游戏，你知道这是他的“低自尊水平”导致了成瘾性人格，你不应该强行阻止他，而应该尝试提升他的自尊水平。

又如，你开始写作，你会发现写作的效果主要和信息冗余程度以及峰终效应有很大关系。

很多人会觉得，这些有必要吗?

这依旧是信息熵的问题：如果一个人连如何学习都没搞懂，那之后的学习可能都是混乱的。

很多人以为把自己丢在一个地方，经验多了，自然就会了。如果把你丢在战斗机的驾驶室里，你自己捣鼓 10 年，有可能学会起飞、降落、击落敌机吗？也许可能，但你早就挂了。

07 结语

《三体》里面有句话，“弱小和无知不是生存的障碍，傲慢才是”。但无知却造就了傲慢。同时，傲慢也造就了无知。

这三种思维可以让阅读更高效

01 自我确认

很多人躺在沙发上，不断地在手机上刷文章，你有想过自己为什么会如此痴迷吗？

有一个深层次的原因，你可能从没有想到，那就是对着镜子看自己。在心理学中，这种行为叫自我确认（self-verification）。这是什么意思呢？

你每天起床都会照一照镜子吧，看看自己的发型，因自己的长相而自恋，这是在对自己的外表进行确认。然后你会上街买衣服、鞋和包，决定买苹果手机还是华为手机？买 MINI Cooper 还是大众帕萨特？这些都是你在对外在的自我标签进行确认。

通常来说，人体外在的东西都很容易确认，但是你的价值观、自尊水平、潜意识层面等内在的东西，却非常难以确认。

所以，你找到了一个好办法——阅读（reading）。

比如，你看了《瓦尔登湖》，就对自己向往自然生活的部分更确认一些；你看了《魔鬼经济学》，就对自己理性分析的部分更确认一些。

很多人都在讲读书到底有什么用呢，看了又记不住。

这就像用竹篮去打水，虽然是一场空，但水可以帮你把竹篮洗干净，让你对自我的认知更加清晰。

02 阅读什么

你究竟应该阅读哪些东西呢?

首先，文无第一，文化的好坏高低，只是一种相对概念。

你可能会通过看康德的《纯粹理性批判》获得独立思维，而有的人则通过看公众号文章让自己变得励志。

大家都能够通过自己认同的方式获得进步，这样的阅读都是有价值的。

文化虽然没有高低，却有远近的问题，我们来看看这是一种什么情况。

其实，所有的文化，我们都可以将它们放在以下两个维度里，如图2-1:

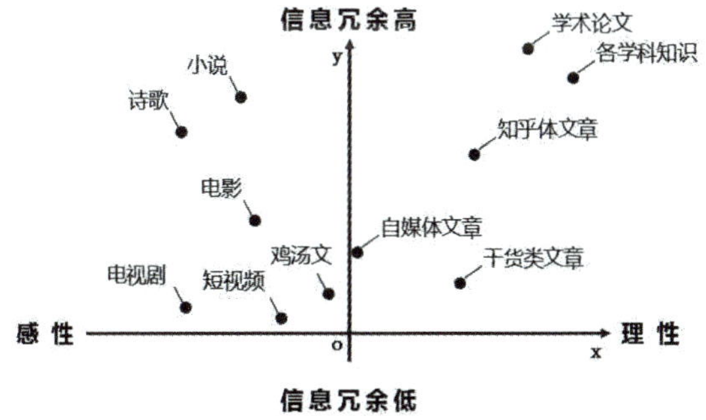

图2-1 知识坐标

1. 感性价值—理性价值

我们画一个横轴，左边倾向于更主观、更感性的写作方式；右边倾向于更客观、更理性严谨的写作方式。

最主观感性的作品应该是诗歌，或者是一个催人泪下的故事。这些作品非常感性，也最能打动人；最理性的应该是论文或研究报告，信息价值一般很高。

2. 信息冗余度低—信息冗余度高

信息冗余度是一个相对概念，比如，如果你是一名心理学博士，那你读《自卑与超越》就会觉得信息冗余度低，而普通人阅读时就觉得知识量巨大，冗余程度高。

通常来说，当我们渴望放松休息时，更偏好冗余度低的东西，如看轻松的电视剧；渴望挑战时，更喜欢冗余度高的东西，比如偏理性的书籍。

那么，为什么说文化有远近的问题呢?

前图 2-1 中，xy 的中心点可以看作是你的自我，越接近自己价值观的东西，自己越会为了找认同感而去关注它。

你最喜欢的那些东西，是“真的说到我心坎儿里去了”的那种。所以，很多人会花大量时间去刷离自己更近的东西，这就是在舒适圈之内，这些东西读起来很舒服和放松，我把它称为度假状态。

那些远离你价值观的东西，比如思想类的书籍，通常需要你憋着一口气，耗费自己的意志力才能研究它们。但读完后你或许会突然变得思维开阔，我把它称为徒步旅行状态。

多来几次徒步旅行才有可能让你的人生进步。

03 高效阅读

徒步旅行者在这个世界上属于少数派，他们是如何沉浸于其中的呢？相信你一定渴望知道，毕竟对书籍进行高效阅读是很多人都渴望获得的技能。

借用一个资深徒步旅行者朋友的分享，在这里解释三种你所需要的阅读思维，我将它称为“徒步旅行者的修行之旅”：

（1）建立攻略。如果你去徒步旅行，路线、装备、旅程规划等，这些对你来说都是非常重要的。这里指阅读思维的第一部分——框架思维。

（2）倾听雪山和湖泊。徒步旅行者并不在意向别人证明去过哪些地方，而是注重和雪山、湖泊亲近的体验。这里指阅读思维的第二部分——感知思维。

（3）读懂世界万物的变化。因为常在户外，所以，他们会有一些自然趋势变化的超能力。这里指阅读思维的第三部分——趋势思维。

04 框架思维

度假者一般订个酒店或报个团就可以出去旅游了，如果你是徒步旅行，那么路线、装备、旅程规划等都是必不可少的。

这里指阅读思维的第一部分——框架思维，什么意思呢？

在度假状态下，你慵懒地刷刷剧，看一些段子，或者看一下公众号里的文章，可以不用动脑，被动地看看作者在写什么就行了。这就像你跟团旅游，几乎不用操心什么，也可以跟着看看景点。

在徒步旅行状态下，如你看《苏菲的世界》或是《自卑与超越》这种某个领域的学术书籍，如果被动地去看，跟着作者的思路走一遍，那很难学到什么东西。这就像徒步去藏区，如果没有参考驴友论坛建立好攻略，就很难有好的体验。

建立阅读攻略其实和徒步攻略非常相似，主要包括以下两个方面：

（1）确定目标。这本书（这篇文章）到底在讲什么？好的文章，看标题就会清楚；看一本书，通常是通过前言、序言和目录就可以确定。

比如，阿德勒的《自卑与超越》，这是一本讲“关系产生自卑，超越自卑的时候升华自我，最终学会建立关系的过程”的书。

（2）建立地图。看书的时候，作者写作的思维地图是隐藏的，就像在沙漠中探索一样，逐渐把作者的思路找出来。

比如，刚刚说到的《自卑与超越》，虽然是心理学领域非常重要的一本理论书籍，但其中的体系非常复杂。只要你用画地图的方式去看，就能很轻松地看清楚作者的思路。

05 感知思维

徒步旅行者并不在乎向别人证明自己去过哪些地方，而是注重和雪山、湖泊的亲密体验。

这里指阅读思维的第二部分——感知思维。

“感知”的意思是，你用心去感受眼、耳、鼻、舌、身所带来的感受。

当然，大多数人都忽视了自己的感知，他们更看重自己的认知（记住知识并应用知识的能力）。

这其实是本末倒置了，因为认知只是自己感知的镜像，它并不能给你带来太多东西。

比如，抽烟的人都认识到吸烟有害健康吧，但就是戒不了烟，可能只有看到几十年的老友因肺癌突然离世，并且痛苦得惨不忍睹，他们才能做到把烟戒了。

又如，我有一个朋友，她是一个银行小职员，前两年要求父母供她读工商管理硕士。当然她继续学习的精神非常不错，但相比那些真正在商圈里混的企业家，她就严重缺乏相关体验。读完硕士以后，尽管她对商业有了一些认知，但是除了简历上多了一条，她几乎没有什么改变。

所以，王阳明说“知行合一”，其中的“知”是指认知，普通人最难做到的是行，这个“行”就是需要从感知上做出改变。

很多人都问过我，多数时候我们看书，过不了多久就什么都记不住了，为什么还要看书呢？我是这样回答他的，能不能记住，其实没有那么重要，提高感知，才是最重要的事。

只是感知是潜意识层面的事，尽管力量无穷，但因缺少语言和逻辑，你会感觉对它没有控制感。

就像你开车去穿越世界，新手会做一大堆攻略以求控制；老手更喜欢直接上路且不设任何目的地，因为他们不再需要控制感了。

新手总喜欢到各种景点拍照；老手更喜欢去人迹罕至之地，闭眼体会天地万物的精髓。

新手总炫耀自己去了多少多少地方；老手会说，世界之大，而我刚上路。

你若问禅师如何成佛，禅师会回答你：“不可说、不可说，一说皆是错。”

这就是因为语言是意识层面的二元逻辑，而世界上有许多东西是感知层面的更复杂的东西，用语言是没有办法描述清楚的。

06 趋势思维

因为常在户外，所以徒步旅行者会有一些感知自然趋势变化的超能力。这里指阅读思维的第三部分——趋势思维。

什么是趋势思维呢？也就是通过对过去和现在的理解，看到未来趋势的能力。

听起来你可能会瞬间想到《三体》《星际迷航》等科幻类型的想象力。

实际上，趋势思维是任何人都掌握了的技能，而且对每个人来说都非常重要。

比如，马上要过春节了，大家都至少会休息 7 天，休息完以后，你肯定能够预测自己还可以继续在工作几年的地方上班。只要你穿着正式、准时打卡，坐到你熟悉的办公桌前，你肯定可以继续工作。

你之所以如此肯定在春节后还可以继续工作，那是因为你基于过去在公司的工作情况，包括各级同事对你的评价反馈、自我的感觉、公司的发展走向、具体的工作业绩等复杂因素计算出的一个结果。

设想你只是实习了一个月的实习生，而实习表现并不怎么好，公司也是初创业公司、风雨飘摇。那综合计算，你就感觉自己不一定能待下去了。

同样的情况也出现在生活的方方面面，如你开车进入隧道，你肯定知道一直往前走是可以穿过隧道的。

又如，你今天晚上 8 点会出现在公司附近的星巴克吗？肯定会，因为你在这一刻约到了女神。

遗憾的是，普通人能够拥有的趋势思维，通常都是因果关系导致的线性思维。

比如，我口渴，喝一杯水就不渴了，这就是非常紧密的因果关系，那么你肯定可以预测自己喝完水以后就不渴了。

又如，孩子报考什么志愿，往往是基于现在什么工作最好找，这也是线性思维。

这个世界的趋势是极其复杂的，从数理角度来说，都有对数型、指数型，甚至很多是颠覆型的。

更别说如果你理解经济学思维、进化生物学思维、熵增的信息化思维等。你会发现，世界无比有趣。

所以，看书到底看什么？如果你想快速获得成就，那就看趋势。每一个行业都有自己的趋势，每一个公司都有自己的趋势，每一位作者对于自己领域的趋势分析也是相当精彩的。比如，你耳熟能详的《人类简史》和《未来简史》，你就可以惊叹赫拉利在基于诸多跨学科领域下，对未来的趋势分析是其他学者都没有提及的。

大部分人都渴望活在牛顿的世界观里，整个世界就像一个精确的钟表，只要把所有的数据输入，就可以获得自己想要的。

爱因斯坦和达尔文都倾向于世界不可真实预知。你永远不会知道外界的一件事情什么时候会发生、是怎么发生的。

每个人都有探索趋势的可能。

07 结语

阅读是一次体验人生之旅的过程，你可以选择度假还是徒步旅行，甚至可以选择苦行僧式的修行。

小时候你跟着父母度假，什么都不管不顾，只顾自己玩乐。

但是，现在你要学会自己去计划旅行，背包里要揣着框架思维、感知思维和趋势思维这三种东西。

阅读和旅行的乐趣有时不在于找到了什么，而在于自己在探索未知之境。

愿你一路向前。

写作技能取决于你脑中的系统构建

01 写作是自由人的表达

数数看，你的朋友圈里有多少人擅长写作？

我估计这是个小概率事件，如果你的朋友圈里有 300 个人，会写作的人可能不超过 5 个。

其实，这是一种非常神奇的现象，按理说你身边 90% 的人从小学到高中都经过了长期的作文训练。

为什么绝大多数人还是写不了文章呢？

主要有以下两个原因：

（1）面对写作这种创造性思维的事情，多数学生还是习惯使用模板的方式去训练。

（2）考试的时候，写作资料只能出自我们的大脑（且平时少有时间阅读课外书），这种烧脑的写作方式让大多数人思维枯竭。

所以，从本质上来说，作文和好的写作有根本性的不同。

这个不同就是，前者是压迫性表达，而好的写作，是自由人的表达。

什么是自由人的表达呢？这里的自由，是指精神上真正的自由。

“自由人”（liberalist）这个概念最早源于古希腊，主要是指奴隶主（统治阶级，不被束缚的、自由的人）他们有着独立思考、创造性思维、解决问题、认识社会、理解他人等能力。

即使在现代社会，拥有以上能力的人，依旧是社会上的小部分人。

为什么只有自由人的表达才算真正的写作呢？

比如，很多人纯粹为了刷流量而故意写出能够带来流量的东西，这个就非常不自由，这些写作以书单、鸡汤文、没有科学依据的养生文等为主，的确算不上好的写作。

而好的写作是纯粹在某方面获得自由的人，比如，梭罗在瓦尔登湖旁边体验自然的灵力，并没有一个外在目的去胁迫他。

又如，刘慈欣写《三体》，那纯粹就是因为脑子里有复杂的物理架构体系，需要写出来而已。

02 信息整合能力

我们非常有幸生活在一个商业高度发展的社会，人生的种种问题几乎都可以通过价值交换得以解决。

比如吃饭，可以由各个饭馆帮你搞定；去欧洲旅游，即使你不会外语也没有关系，旅行社可以帮你搞定一切。

这让我们产生了一种幻觉，认为世界是简单的。

其实世界是极其复杂的，每天都有人通过重组各种信息来改变世界。

许多改变世界的人，都有这种信息整合能力，比如乔布斯和埃隆·马斯克。一个好的作家，也应该具备这种信息整合能力。

我把这种能力称为“马斯克的火箭思维”，主要分为以下三个部分：

（1）收集有关火箭的一切信息。马斯克声称靠自学理解了火箭动力学，他的诀窍就是收集各种相关信息并进行验证。这是第一步，收集信息。

（2）找出火箭的结构。火箭的结构组合是一项复杂的系统工程，既定模板往往解决不了问题，需要把信息反复组合，最终找到一套方案。这是第二步，反复归纳信息。

（3）火箭发射升空。终于造出火箭并让它发射升空。这是第三步，获得问题解决方案。

03 收集信息

面对那种复杂的革命性问题，具体该收集什么，每次的情况都不一样。这里就需要用到大脑中的一个重要天赋——发散思维（divergent thinking）。

很多时候，我们更习惯回答那些有确定答案的问题（这是机械思维），比如 55×61 等于多少、《马关条约》是哪一年签订的。

如果问你一些开放式问题，比如一个可乐罐，除了装可乐之外，还能有什么其他用途？你有没有想过如何用其他工作方式去达成财富自由的梦想？你要如何设计一次家庭演讲呢？你可能就不擅长这些了。

我们的大脑中有各种区域，就像一座大城市，分为不同的辖区。

机械思维，就像你一直在城市中固定的地方打转。比如，一个老太太在北京帽儿胡同生活了一辈子，虽然视野比较狭窄，但是可以深层次地理解辖区内的东西。

发散思维则像外地游客去北京，上午去故宫转转，下午去琉璃厂看看古玩，晚上又去后海和朋友聚会，到处走走看看，不够深入但是可以拓宽视野。

举一个案例：很多人都很关心脱单的问题，如何写一篇关于“脱单”的文章呢?

你要做的不是去相亲网站注册会员，而是利用发散性思维，在思维导图中画出一切和脱单有关的信息。

比如，脱单至少有三个层级：第一是需要认识人；第二是需要和别人建立联系；第三是和别人建立情感。

第一层，你可能需要去思考应该在什么社交情境下认识更多人。

第二层，则需要一个简单的评估机制，比如从外表感知再到能力圈的综合评估。

第三层，如何让别人喜欢你呢?这是个心理学问题，你应该找出依恋机制是如何产生的。

当然这只是一个例子，实际路径将会随着你的不断探索而变得完全不一样，这将是一个非常有意思的过程。

04 反复归纳信息

你可能以为制造火箭是一项非常精密的工作，按既定原则就可以制造。但事实并非如此，每一款火箭从设计到建造都面临着太多不可控因素。

这意味着每一款火箭都是不同的，SpaceX 的工作人员需要在大量信息和数据中找到各个系统的结构。这是第二步，反复归纳信息。

这里需要用到一个人类史上最重要的思维推理方式——归纳推理（inductive reasoning）。

归纳推理是亚里士多德提出的概念，当然这也是我们最擅长的思维方式。大概是指，从相同的物质和经验中找出系列的规律。

比如，你第一次接触冰是冷的，而第二次、第三次、第四次都发现是冷的，然后就可以得出一个理论——冰都是冷的。

又如，你看到鸡蛋是圆的、鸭蛋是圆的、鹅蛋也是圆的，你可以归纳出蛋是圆的。所以，理论上鸵鸟蛋也是圆的，恐龙蛋也是圆的，尽管你没有见过鸵鸟蛋和恐龙蛋。

从本质上来说，人类文明的进步就是对信息不断分化并重新归纳的过程。

在面对禅宗、瑜伽和杂物收纳时你会想到什么呢？杂物管理咨询师山下英子就归纳出断、舍、离的概念。

西方国家很长时间内只有宗教学和哲学，1879 年，著名心理学家威廉·冯特建立了心理实验室，用心理实验的方法结合自己的专业，即生物学和哲学，归纳出了全新的学科——实验心理学。

归纳这个技能大致有几种方法，麦肯锡等大型咨询公司也有许多分享。

我介绍三种最常见的归纳法：

（1）二分法，用圈外和圈内（非A即B）的概念来归类。比如，国外和国内、成年人和未成年人、有知识的和没知识的等。

在脱单这个案例中，我们可以把信息分为：自己和他人、已结婚和没结婚、有房和没房等概念。

（2）过程法，按事情发展的流程或时间轴来归类。脱单的流程，就可以分为A. 你要先找到人（人物）；B. 如何让彼此相爱（情感）；C. 怎样建立更好的联系（关系）这三个流程。

（3）矩阵法主要是用两个维度建立四象限原则。在之前的文章中有详细介绍矩阵法的概念，里面刚好提到过一个案例：

你可以用才华和相貌来对女生进行四项分类：1. 完美型；2. 人见人爱型；3. 才华型；4. 潜力型。

在归纳推理的这个环节，我的建议是，反复用各种情况去归纳。只有这样才能做到不断重复研究信息之间的关系，从而发现不一样的结果。

05 获得问题解决方案

最后一步，火箭成功发射升空。这是第三步，获得问题解决方案。

这里指的问题解决方案，往往不是在搜索引擎上能简单找出的答案，而是需要你发展一个系统。

万维钢在“得到”App上解读过一本英文书籍《巨人的工具》，里面提到了一个漫画家的案例，就是风靡全球的“呆伯特系列漫画”的作者斯科特·亚当斯。

亚当斯当年一边工作一边业余进行画画和写作，这些给他带来的物质回报非常少。别人问他为什么要做这件事，他的回答既不是为了完成一个什么目标，也不是为了兴趣，而是为了发展一个系统。

亚当斯所谓的系统，是一个连续变化的东西——或者是一项技能，或者是一种关系，比如夫妻关系。

当年，亚当斯把博客当作一个研发平台，在上面做了各种写作技术的测试，如他测试了不同类型的话题，看哪个话题更受读者欢迎。

他还用各种不同的声音写作，比如，愤怒的声音、幽默的声音、批评的声音等，测试哪一种声音更受读者欢迎。时间长了，他的博客越写越多，亚当斯的写作系统就成长起来了。

到他后来在《华尔街日报》上开专栏时，立即获得了很好的市场反馈，就是因为他已经建立了一个成熟的写作系统。

当然你可能会想，为什么我们要把事情搞得那么复杂呢？

这是因为，社会是复杂的，你的人生也是复杂的，它们都是系统问题。

比如，你想让自己的父亲戒烟，用单一的说教，甚至每次见他时都把烟从他的嘴里拽下来等，这些都是没用的。戒烟是一个系统工程，是认知—身体—习惯—自尊等综合问题，你需要在每一个地方都进行改变，可能才会有效果。所以，英国作家亚伦·卡尔经过大量研究，写出一本叫《这书能让你戒烟》的书，好评如潮。

我们更多时候是使用别人已经创立的系统，如你每天在家使用的抽水马桶、每天上班坐的地铁，甚至你喝的每口水，都是系统工程下的产品。

我们有时候也作为别人系统里的一颗螺丝钉，如建一栋大楼，每个人只需要按工程师设计的图纸按部就班地进行重复劳动就行。

生活中有大量问题，等着你自己去创造系统。

回到脱单这个话题，网上的分享对你几乎都不适用，还是应该找出属于自己的一套系统。

在得到这个系统后，你就会发现其中有很多东西都可以写出来。考虑文章篇幅，可以写成好几篇文章，如“不用相亲，你也可以认识很多优质女友”“在什么情况下，你的表白能够一击致命”。

现在你应该明白了，脑子里面的系统构建得越多，就越容易写出具有创造性的文章。因为每一篇都是你耗费大量时间研究出来的。

06 结语

在我看来，好的写作有且只有三种：

第一种是能给人带来巨大体验冲击的作品，比如，李白的诗歌、村上春树的小说等。

第二种是能够使人深刻认知自我、社会和世界的作品，比如《人类简史》《自卑与超越》等。

第三种是能够提出系统性解决方案的作品，比如，《刻意练习》《系统之美》等。

无论哪一种，都需要自由人来写作。因为只有自由的人才能做到对事情本身进行忘我的探索。

请记住这个概念：用发散思维收集信息—归纳信息—提出系统解决方案，正是这种探索能力的最佳途径。

请注意，这个概念并不是我发明的，而是由美国哲学家查尔斯·桑德斯·皮尔士在 1900 年提出的，是迄今为止人类最高级的思维模式——反绎推理（abductive）。

美国民谣艺术家鲍勃·迪伦曾说：“一个人要仰望多少次，才能看见苍穹。答案就飘在空中。”

你想改变世界还是被世界改变，一切都在你的思考之中。

掌握“故事引擎”，人人都能写出好文章

01 高效说服力

为什么我们的表达明明想打动别人，但别人还是不为所动呢?

比如，你找别人苦口婆心地谈一些话，或者制作了 40 页的 PPT，希望推动一个项目，但是别人听后依然毫无感受。

你甚至会抱怨这是在对牛弹琴。实际上，这是自己的说服效力出了问题。

让我们来看看高手是怎么做的：

有一次，英国著名诗人拜伦在街上散步，看见一位盲人身前挂着一块牌子，上面写着：“自幼失明，乞讨！”

可是路人都像没看见一样匆匆而过，过去了很长时间，盲人手中乞讨用的破盆里还是没有一分钱。

拜伦走上前去，在盲人的牌子上加了一句话：“春天来了，我却看不见她。”

一句话的小故事，激起了人们的同情心，路人纷纷伸出援助的手。

这就是高手的做法，他们通常会采取一种较高的说服效力。

02 说服效力

什么是说服效力呢？

亚里士多德提出一个理论，如果想要说服别人，需要提供三样东西，如图 2-2：

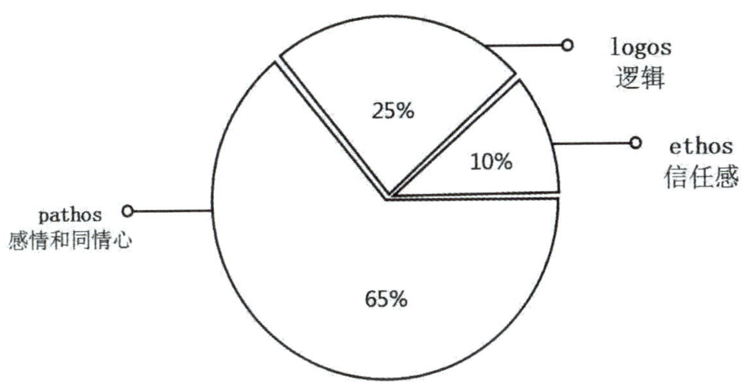

图2-2 亚里士多德的说服力理论

第一个叫 ethos，是指信任感，通常就是彰显自己有什么权威，如我是什么专家、我走过的桥，比你走过的路还多。

第二个叫 logos，也就是逻辑，就是理论推理和证据支持，比如“据什么数据统计……”

第三个叫 pathos，是感情和同情心，也就是用讲故事的方法去打动别人。

其中，ethos 的说服效力大致只有 10%，而 logos 的说服力是 25% 左右，

pathos 的说服效率至少在 65% 以上。

仔细想想，多数人所谓的道理，可能只是停留在 ethos（我就是比你懂），这是很难引起别人的注意的。

想想小时候，你是愿意被爸爸叫到书桌前谈半个小时的人生道理，还是更愿意坐在满天繁星的院子里听外婆讲故事呢？

最高的说服效力，当然是利用故事来讲一件事。

03 故事如何产生

很多人都没有养成讲故事的习惯，认为这可能需要表达上的天赋。

实际上，讲一个故事要比你想象中简单很多，掌握了技巧，人人都可以讲故事。就像做一道菜，看了菜谱以后，你就发现完全可以按流程进行，而且效果肯定八九不离十。

这需要你稍微深入地理解，一个故事是如何产生的。

一台汽车是由引擎、车身和其他各部分组成的；一个故事，也是由故事引擎以及其他细节所组成的。

我们实际需要做的，只是把握好这个故事引擎的原则。

比如，《指环王》的故事引擎就是正派对抗反派和一群人历经磨难终成正果。

《当幸福来敲门》的故事引擎就是努力终有所回报。

故事引擎通常都是那些非常简单的逻辑，但大家就是喜欢。稍微变化一些细节，我们也百看不厌。

在这里，我挑选三个最常见、最吸引人的故事引擎，详细介绍在具体场合你该如何去设计自己的故事：

（1）出租车的故事——正派对抗反派，介绍新项目的时候最为适用。

（2）奶酪店的故事——坚持就是胜利，介绍自己的经历。

（3）犹太人的故事——拟物化，把难懂、抽象的理论形象化。

04 正派对抗反派

最百用不厌的故事引擎就是正派对抗反派。如果你在介绍一个项目时，使用这种逻辑简单的故事，大家通常都非常喜欢。

在硅谷有一个因为融资获利了几百万美元的年轻人，他带领 7 位员工去法国巴黎度假。

在离凯旋门不远的地方，他们准备打出租车回酒店，但整整 30 分钟也没有等到一辆空车。

终于有辆出租车经过，司机满手刺青，长得十分凶悍，把他们带到城里，兜了一个大圈。

他们发生了口角，司机居然直接把车门锁上，不让他们下车。

这位有钱的年轻人终于忍无可忍了，回到酒店后，发誓要颠覆全世界的出租车行业。

他就是优步的创始人特拉维斯·卡兰尼克。

这正是最百用不厌的故事引擎——正派对抗反派。

在卡兰尼克的描述中，反派就是一个叫出租车的浑蛋。

正派的诞生正是为了消灭这个浑蛋，尽管历经政府干预、推广乏力等诸多磨难，但是优步在短短几年时间内，总算基本战胜反派，大大改善了我们的出行生活。

所以，在多数项目介绍中，设置一个反派，然后讲一个你作为正派如何战胜或即将战胜反派的故事，这是大家都喜欢的模式。

在谷歌的商业故事中，缺乏信息获取渠道就是反派，为用户提供应有尽有的信息和连接就是正派。

在微信的故事中，昂贵的短信就是反派，必然被免费的语音、信息等正派击败。

05 坚持就是胜利

如果你在某个场合需要介绍自己，记住一个故事引擎——坚持就是胜利。

尽管这个故事老掉牙了，但是包装成自己的角色，别人依然喜欢听。

有一次，星巴克的创始人舒尔茨去英国出差，在伦敦最繁华的地段，看见很多名牌店的中间竟然夹着一个非常小的、卖得很便宜的奶酪店铺。

他很好奇地走了进去，看见有位胡子拉碴的老头儿在整理奶酪，店内的奶酪香味不断袭来。

他问道："老先生，这里是黄金地段，寸土寸金之地，您在此开店卖奶酪赚的钱够付这里的房租吗？"

老者微笑着告诉他："年轻人，这条街上你看见的所有豪华店铺基本都是我们家的地产。

"我的爷爷靠卖奶酪起家，在这里开了店铺，后来旁边的店铺全部垮掉了，我们就不断把店铺买入。

“但是，我们一直在卖奶酪，包括我的儿子和孙子，他们都喜欢卖奶酪。”

这就是坚持就是胜利，一直坚持做自己的事，做起来其实很容易；一直看着别人坚持做一件事，看起来却很难。

人们总是很推崇坚持很久的故事，比如，日本匠人、寿司之神小野二郎做寿司一做就是 70 年。

《当幸福来敲门》中，里面每一张账单都让观众随之惊心动魄，看到威尔·史密斯坚持下来，生活得到了改善，观众就非常开心了。

因为我们对于成功的理解，通常都是在一个简单的维度下。相比那些复杂的原因，大家更愿意去相信坚持就是胜利这么一个简单的道理。

06 拟物化

有时候你不得不面临一种情况,即向别人讲清楚一件复杂抽象的事情,这时候需要用到——拟物化。

故事为什么比理论更好呢?

你可以看看犹太人是怎么说的，他们有一个古老的传说：

真理来到村里，一丝不挂，所有人都很害怕他，不敢直视。

后来，智慧老人把真理请到家里，给他披上衣服。这个时候，真理就化名为故事。

故事走到村里，所有人都很喜欢他。

这就是拟物化的方法，几乎所有的神话、童话、动漫都包括了这个故事引擎。

使用拟物的手法，可以让那些抽象的东西瞬间被搞懂，而且给人留下深刻印象。

你一定被人问过，你的职业规划是什么。这时候你可以把职业规划比喻成准备开始的一段旅程：

第一阶段是徒步旅行，你独自一人穿越森林和沙漠，不得不面临一些食物短缺问题、安全问题，总之就是生存问题。

第二阶段是海上探险，就像哥伦布航海那样，你始终需要不断探险，去拓展自己的认知领域和人脉圈子。

第三阶段是湖边的居住，就像在瓦尔登湖湖畔，自己修一座木屋，日落而息、与天地同住，探索人生的意义。

这正是职业规划的三个阶段——生存期、发展期和意义期，如图 2-3：

图2-3 职业规划三个阶段

07 结语

看到这里，你明白了讲一个故事并不难吧，关键在于如何把握故事引擎。

记住一个原则——人们总是喜欢那些听腻了，但还是愿意去听的故事。因为，他们就是喜欢。

我见过的在表达方面最厉害的人，他们的套路无疑都是一个结论 + 一个故事。

请努力练好如何讲一个故事，希望你可以轻易地打动自己想要打动的人。

避免自嗨型文案，转化用户思维

01 生存表达

请你先思考一个问题，自己是靠什么生存的？

你的直接反应可能是，难道不是靠钱活着吗？

那么，你的钱又是从何而来呢？

标准答案是，你必须通过表达观点去改变别人才能生存下去。

比如，你走进一家面馆会说，我想来一碗牛肉面，服务员会给你端来，你通过改变她的行为，让自己不挨饿。

或者你参加面试，通过表达观点使简历平庸的你立即让面试官眼前一亮。他决定录用你，这是他决策上的改变，然后你才可以开始挣钱。

这些是为了生存表达，当然人类有更多精神层次的表达，同样如此。

鲁迅写东西就是为了唤醒国人，想要扭转一点国人看待世界的角度，达到认知上的改变。

你为什么要表达一个观点呢？其本质就是是否可以改变别人。

但是我们在信息繁杂的时代里，经常忘记了这个初衷。

02 表达效率

如今多数人的表达都更习惯自嗨式，为了表达而表达，这叫自我思维表达。

我们今天所讲的是为了改变别人而表达，叫作用户思维表达。

这两种表达方式的差别在于，自我思维的表达效率高，但市场效率低。

比如，你和一个老友聊天，一见面就可以聊，根本不需要准备，但是聊天通常只能面对一个人，最多几个人。

用户思维表达刚好相反，表达效率低，但市场效率高。

你要准备一场稍微正式的演讲，少说需要七八天的时间，你需要考虑台下到底有 50 个人还是 500 个人，能否被你的演讲打动。

所以，如果你希望自己的表达市场效率更高，你唯一需要做的，就是从自我思维表达切换到用户思维表达。

营销心理学的一个模型，可以让我们学习到完整的解决办法。

我把它称为“培根三明治”，由两片面包、培根和蔬菜构成。

（1）上层的面包是指开头，热烤的面包香味可以立即吸引用户，重要的是建立用户连接。

（2）培根是论点，分量最少但是核心，作用是进行感性启发或理性启发。

（3）蔬菜部分是指论据，可以由生菜、西红柿等新鲜食材构成，这里的重点是建立鲜活性效应。

（4）下层的面包是结尾，它和开头遥相呼应，都需要激发用户的情感，重点是提供情绪价值。

03 建立用户连接

假如你和朋友刚吃完火锅，门口有一个摊贩问你：“需要来罐凉茶吗？”你肯定纳闷，现在要凉茶干什么？

这时候如果有人吼出响亮的一声“怕上火，喝王老吉”，你多半会买一罐了，因为吃火锅容易上火嘛。

这就叫作建立用户连接，凉茶本来和你没有关系，但上火和你就有关系了，凉茶可以消火。

这也是建立用户连接的第一个方法——让用户关注自己。

另外一个方法——引起他们的兴趣。

比如：我这辈子从来没有用过香水，但是昨天，我一口气买了三种不同的香水。

或者提供一个让人震惊的事实：你知道吗，住巷尾里的那个人，眼睛根本就没有盲，他这么多年处心积虑，是为了……

又或者讲个故事，卡夫卡在《变形记》的开头写道：“当格里高·萨姆莎从烦躁不安的梦中醒来时，发现他在床上变成了一个巨大的甲虫。”

当然，你的整个表达都应该引起用户的兴趣，但最好在开场 30 秒之内就要做到第一次激发用户的兴趣点。

04 分量最少但是核心

在设置培根（论点）时，许多人都会想，如何才能有好的观点博人眼球呢?

请注意，博人眼球这种把戏，在设置上层的面包（开场）时，比画比画就行了。在这个环节要给用户最好的肉，给点儿实在的东西。

这个实在的东西绝不是故作高深的理论，切记没人喜欢听说教。

人们更愿意通过你的表达获得感性启发或理性启发。

在《放牛班的春天》里，教导主任通常都是对学生一顿臭骂，或一通说教，这毫无作用。但马修老师的表达方式就不一样，他对皮埃尔说道："凡事都有可能，永远不说永远。"这句话直接坚定了皮埃尔唱歌的信心，终使他成为享誉全球的音乐大师。

因为大脑中感性部分和理性部分长期博弈，每个人都有及时行乐和长期自律的双面性。

我们有时候想狂吃一顿火锅（及时行乐），但是又想通过长期锻炼来保持身材（长期自律）。

所以，针对这个特征，你可以选择要么唤起情绪化、负面、短浅的感性面，要么唤起理性、自律、长远考虑的理性面。

比如，咪蒙的文章《女人好好打扮就是为了取悦男人？瞎扯！》，这就立即唤起了广大女性同胞渴望独立、活得自主的情绪。（感性启发）

又如，本篇文章，没有更多表达观点的技巧，而是更注重唤起你的理性思维，让你自己去思考应该如何改变。（理性启发）

05 鲜活性效应

如何去唤起用户的情绪呢？这就是整个观点的蔬菜（论据）部分。

针对感性启发和理性启发，我们是否需要两种不同的办法呢?

答案是不用，你只需要提供一种就可以，即鲜活性效应（vividness effect）。

这个名词最早由心理学家凯勒·阿兰德提出，指人类被感性情境轻易打动的心理。

比如，有人跟你说："犹太人在'二战'时遭遇了惨无人道的屠杀。"你的感受可能不太明显，但如果向你描述一个场景——在奥斯维辛集中营的毒气室里，几乎所有的墙壁上都是遇害者指甲划过的痕迹，你可能就有些不同的感受了。

又如，踩惯了红地毯，会梦见石板路就比我偶尔会怀念故乡要好很多。

在这里你可能有一个疑问，最有说服力的不是数据吗?

不是的！冷冰冰的数据本身只能提供逻辑，只有它与场景感相连接，唤起人们的感受，才能影响用户的行为。

你看到一年卖了 7.17 亿杯奶茶感受不大，但是，一年卖了 7 亿杯奶茶，可绕地球赤道两圈，对这个感受就很深刻了。

06 提供情绪价值

最后，是下层的面包，即结尾部分。

如何写结尾是在小学开始学写作文时，老师就会教我们的东西。

你可能不知道结尾真正的效用，即提供情绪价值（emotional value）。

什么是情绪价值呢?

比如，你今天悄悄地走到一个女同事旁边，在她的耳朵旁悄悄说了一句：“今天这件衣服，真的很适合你。”

这时候你就给同事提供了自信、满足、窃喜的情绪价值。

在表达的过程中，你之前做了那么多铺垫，不就是为了你的终极目标改变别人、促使行动吗?

通常人们都是在有情绪的情况下才会做出改变。

别人一激动就会转发你的文章；头脑一发热，就把那件 3000 元的衣服买了……

用户在享用了你的上层的面包、培根和蔬菜后，其实大多都有一个既定的情绪了，只需要你准确地提供他们所需要的情绪价值。

比如，奥巴马卸任演讲的结尾出现的 9 个单词：

Yes，We can.（是的，我们能行。）

Yes，We did.（是的，我们做到了。）

Yes，We can.（是的！我们能行！）

这是一种完成使命后的坚定，也是英雄迟暮的感伤，更是一种低头洒泪后仍目光坚毅、不断前行的气魄。

相信台下，他的所有簇拥者都会被这种情绪影响。

07 结语

关于如何表达一个观点，你现在是否一下就清晰了呢?

相信你再也不会担心这样的场景：

有一天，你的领导突然让你在一个正式场合分享某某东西。你可以十分优雅地回应他：“请给我 10 分钟时间准备。”

然后你迅速地躲到卫生间最里间的马桶上，拿出纸笔，画下我今天送给你的培根三明治，把面包、培根、蔬菜的部分充分填充为你惊为天人的想法。然后你轻步上台，轻松就可以让领导听蒙过去。

如何快速练就一项“骨灰级”技能

01 你有几项技能

你是一个技能水平很厉害的人吗？问你两个问题就大概清楚了：

1. 你现在拥有几项技能

比如，能用英语流利表达、削一个苹果而皮不断、能即兴演奏的钢琴水平、单手磕开一个鸡蛋、驾驶山地摩托车、高山滑雪，等等，这些都可以算上。

2. 在朋友圈里，你有几项技能可以确定第一

比如，我肯定是朋友圈一千多个人里跳高跳得最高的。毕竟我曾经是国家二级运动员，在学生时代经过了长期训练。

仔细想想，你肯定有某些天赋，能够超过身边所有人。

如果第一个问题，你的答案超过 20 项，第二个问题的答案超过 10 项，那么恭喜，你可以进入“20+，10+”超级技能俱乐部。

如果是“10+，5+”也非常不错，可以称作多技能者（multi-capability）。

当然，对于自己的评价，可能是出于自己的思考，很多技能本来也没法量化排名，不过大体能看出来你对自己的技能的自信程度。

02 技能到底是一种什么概念

之前问了问身边的人，第二项答案是 0 的大有人在。得到的答案是，多数人的技能修习，90% 都死在了开头。

技能就是一种快捷方式。比如，电灯开关，你只需要在墙上按那么一下按钮，什么电压、电流传导、镇流器、灯丝加热等一系列过程就在瞬间自动化完成实现了点灯开关。

所有技能的学习，都是这个原理。生下来时，你的大脑就预装了吞咽这个技能，然后喝奶、喝水、吃面包、啃羊排等关于吃喝的问题就可以全部搞定。

一个学搏击的父亲教小孩子防身，指导他万一遇到冲突就护头一直拳，这两个简单动作就足以应付小男生间的所有冲突。

原始人学会用火烤肉后，过去要花 7 个小时才能生吃一只鹿，现在 2 个小时就能吃完；父母学会用微信聊天，可以发语音、发照片，还可以视频聊天，短信时代的沟通效率大大提高。

所以，技能的本质是让我们的生活变得更轻松、更简单，也就是一劳永逸。

把自己搞得很痛苦、很励志的样子来获得技能，要么就是方法不对，要么只是为了在朋友圈晒晒吧。

03 如何设计技能

很多人学习技能时确实比较痛苦，那是因为他们总是忽略自己的感受，拿着皮鞭抽赶自己，这是一种被动状态。

想想你玩游戏时的状态，游戏从来都是从一开始就吸引你，然后让你废寝忘食，最终成了骨灰级玩家。

应用市场里有少量的运用游戏思维去帮你提升技能的 App，比如背单词等。我的建议是，你要自己学会用游戏化思维去开发自己的技能。

你也许从来没有做过产品开发，这没有关系，只需要学会一些开发思维，一样可以学会设计人生技能，这并不困难。

04 设计技能框架

技能设计的框架主要有定义事件、条件分析、设计流程这三个部分。

前几年我一直尝试早起，却很难坚持下来，我在网上查了一下，各个网友分享的方法对我也没有实质性的作用。于是就自我设计了：

定义事件：早起是感受和意志力的博弈。

早上往往迷迷糊糊，妄求增强意志力来做到早起，实在坚持不了太久，那么提升感受就显得很重要了。

条件分析：提高感受有哪些具体条件呢?

（1）人的睡眠有四个阶段，从眼动期（REM）醒来，人才是最舒适的状态，见图 2-4（详见《睡眠革命》）。

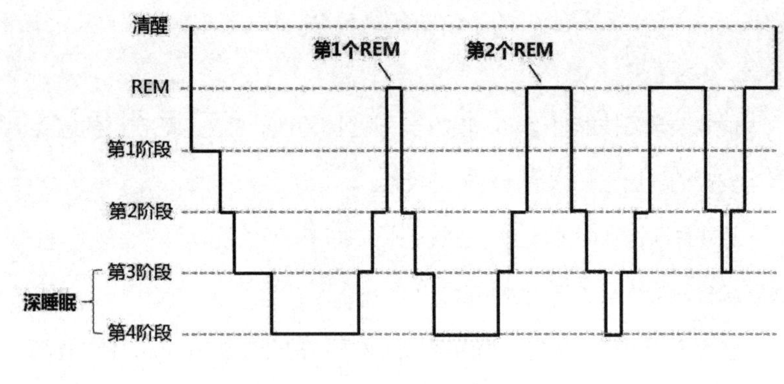

图2-4 睡眠周期

（2）日光逐渐唤醒身体，比突然用闹钟唤醒好很多。

（3）冬天早起外面很冷，要做到起床很舒适。

设计流程：提升感受，减少意志力的使用。

（1）一定要睡够 5 个睡眠周期（每 90 分钟为一个睡眠周期），在第 5 个周期的 REM 时期醒来。

（2）卧室放一盏唤醒灯，5:30~5:50 的时候开始逐渐点亮。

（3）把手机放在客厅，设置 5:50 的闹钟，那就不得不起床关闹钟了。

（4）准备好衣服在床头，起床立即穿得像在被窝里一样暖和。这一点太重要了，冬天不会让我感觉起床有多痛苦。

唯一需要意志力的地方只有第 3 条，但其他感受已经很好了，这让整个早起就变得非常容易了。

这里多说一句，设计流程时，要把握一个关键——最小可操作原则，即拆分到不用动脑，连路边的老太太都可以动手操作。

中餐菜谱的介绍一般会出现“加入盐少许”这句话，“少许”是一个什么概念呢？不清楚这就没法操作。

西餐菜谱会写上盐 5 克，如果你买了计量勺，那就可以很准确地加盐了。

你问中国的驾校师傅，在路上什么时候才能变道呢，师傅可能回答："超过后车 50 米的距离。"你没法拿尺子去量，这就不好操作。

美国的驾校里有一个明确的规则，在你侧后视镜可以看到后车的后车轮时就确定可以变道。这就可操作了。

05 底层逻辑

现在框架有了，在设计的时候还需要把握一个技能核心——底层逻辑。

这句话什么意思呢？

你教小朋友骑自行车，如果跟他讲一大堆平衡理论、动力理论，他还是学不会自行车。

你只需要告诉他底层逻辑——向前奔跑的自行车不会倒下，他自己瞎捣鼓，很快就可以学会了。

之前我提到了早起的设计框架，它的底层逻辑就是提升感受。

在这里，很多人提过一个问题——作为新手，我不知道底层逻辑，该怎么办呢？

我只能说，底层逻辑都是需要花时间去找的，很多大公司往往会花几年时间去找底层逻辑。

所以，尽情折腾吧，不要低估自己，一定可以找出来。

举个例子，一个朋友前两年和日企打交道，虽然可以聘请翻译，但本着提升自己的原则，他还是打算自学日语。

他的方法比较特别，一开始并没有系统性地学习，而是仔细回顾了一下可能发生的对话场景，包括商务会谈和一些衣食住行的日常用语。他发现所有表达可以用三个底层逻辑来概括：

（1）我这边的情况（陈述客观事实）；

（2）我想做些什么事情（表达主观意愿）；

（3）你那边什么情况（询问对方情况）。

根据这三个底层逻辑，他分别填充了表达公式：

①我（们）是 ××、②我有 ××、③我做了 ××

④我想做 ××、⑤我想获得 ××、⑥我喜欢 ××

⑦你（们）是 ×× 吗？⑧你有 ×× 吗？⑨你做了 ×× 吗？

然后他就把这 9 个句式每天早上反复读，比如：我（们）是 ×× 就是わたしは ×× です、我想获得 ×× 就是 ×× をください。

然后记了一些单词，他利用第一周的时间就算基本入门了。

第二周又扩充了词法，大家都知道日语词法变形确实相当变态。

第四周又扩充了 15 个句式，总共 24 个句式就基本囊括了日常表达。

当然，把一门外语学到入门水平确实不难，但学到精通却是非常困难的。

万事开头难，用底层逻辑让自己迅速地找到成就反馈，这是踏入新行业的重要途径。

06 工具逻辑

有了底层逻辑，你就应该非常清楚，哪些才是必须通过大脑练习的技能，哪些应该甩给工具。

学日语，当时的需求就是交流，交流的最好工具就是花钱请翻译（翻译软件也够用），自己学习真是得不偿失。

工具本身是人类身体的延伸，这个道理非常好理解，但多数人就是难以明白。因为他们觉得使用计算器就会显得自己数学不行；使用自动炒菜锅，就会显得你不会做菜。

生而为人，我们必须保留自己那点弱小的存在感。但在机器大肆进步的今天，这确实显得非常尴尬了。

我的建议是，有工具的时候尽量用工具。

你使用了计算器，才不至于将时间浪费在初级的数学运算上，才能去解决更高级的数学问题，才能获得更大的存在感。

对于读书这件事，还有很多人试图用大脑去记忆内容。钱锺书都是每读一本书就摘录到本子上，李敖是直接用剪刀剪下粘贴，而现在你应该用印象笔记或 OneNote，未来 10 年将会是人工智能帮你做笔记。

大脑的高级技能是创造力、思维分析、决策力、洞察力等，人生的前进不一定都需要脱层皮，把你的天赋展露出来！不要和机器死磕。

《未来简史》中有一句话这样说：“在古代，力量来自有权获得资料；而到今天，力量却是来自知道该忽略什么。”

这个世界每天都在疯狂进步，放下昨天，才能拥有明天；放下现有的技能，才能获得更高级的技能。

07 结语

如果你对人脑构造稍微了解一下，就会十分惊叹于人类的脑体结构是如何进化而来。从神经元的计算角度来说，你的脑体硬件系统至少相当于iPhone1000。

所以，请不要浪费你与生俱来、生而为人的天赋。

开发自我，一定是这个世界上最有乐趣的事情，没有之一。

但技能和工具并不是万能的，你可以搜索中午的菜谱，但没法查到你的职业该如何规划；你可以上网翻译一段文字，但不能查到文章接下来该怎么写。

再次引用《未来简史》中的一句话："我们的目的不是要延伸过去，而是从过去中解放出来。"

设计你即将引以为傲的人生吧。

为什么你通过大量练习，还是没有成为很厉害的人

01 刻意练习

你有没有想在哪些方面做到非常优秀？

比如，写作、学习一门乐器、会一样手工、擅长一项运动、经营一家公司、对于孩子的教育，等等。

你一定渴望成为那个自己，也肯定为之努力过。

但是，今天探讨的问题是，为什么多数人即使经过大量练习，还是很难做到特别优秀？

很多人从小就学英语，但从学校毕业后，英语水平依旧平常；多数人练习打篮球，但打了10多年篮球，水平也很一般。

你可能想到了，这是没有进行刻意练习的结果。

在安德斯·艾利克森的《刻意练习》这本书中，其理论基础是“刻意练习自己不擅长的部分”。比如，梅西一直用左脚踢球，于是他反复练习自己的右脚也可以射门，这样在比赛中就达到了更全面的状态。

但是，刻意练习却是一种让大脑非常不舒服的状态。你重复一个身体动作，坚持一天都没问题；如果打破已有的习惯，建立新习惯，就涉及大脑神经纤维外层的髓磷脂（髓鞘）的改变。因为每一种新的习惯都是无数个神经纤维联合作用的结果，髓磷脂的作用相当于把一堆杂乱的网线（神经纤维）梳理好并套上保护层。

这个过程会让你感觉非常别扭。普通人连上洗手间要不要看手机这种小事都很难改变，而真正的高手却需要在日复一日的训练中保持刻意练习。

所以，若想有所成就，必定前途艰辛。

你可能不知道，所有的高手除了刻意练习，还在追求一种更高级的状态。这是一种超级能力，很多人终其一生都在追求。

02 什么是“无为”

这种更高级的状态，就是无为（这里指庄子的无为）。

“无为”这个词你一定听说过，但并不一定理解其中的精髓。

换句话说，刻意练习是一种有为的方法，它可以让你在某件事上非常熟练；而无为是一种比熟练更厉害的状态。

丹尼尔·卡尼曼在《思考，快与慢》中，讲述人的意识应该分为两个系统：

一个是能够做出自动反应的热认知系统，比如，2+3 等于多少、在高速公路上遇到紧急情况你会马上踩下刹车，大脑对这些问题可以迅速做出反应。

另一个是负责分析和推理的冷认知系统，比如，23×15 等于多少、公司的年会该怎么举行等问题就需要花时间仔细琢磨了。

刻意练习就是由冷认知系统启动、热认知系统关闭的状态，如一个菜鸟在不断地用新动作练习投篮。

熟练，是由冷认知系统关闭、热认知系统打开的状态。在无人干扰的投篮状态下练习助攻，投篮的命中率就会很高了。

无为，则是冷认知系统部分打开，且与热认知系统相互配合的状态。在比赛中，即使面对复杂局面也能应对自如，不用意识控制，怎么投篮都中的状态。

无论是契克森米哈赖的《心流》，还是森舸澜的《无为：自发性的艺术和科学》，抑或是提摩西·加尔韦的《身心合一的奇迹力量》中，都提到过这种无为的巅峰体验，很多地方也叫忘我体验。

篮球之神迈克尔·乔丹曾说："这好像上帝附体，球怎么投怎么中，防守队员就像木偶一样被我摆布。球打'神'了的时候就是这样，一切太美妙了。"

这种感觉，谁不想拥有呢?

但请注意，这种极致体验并非只有顶级高手才能拥有，事实上任何人曾经都有所体验。

而且我们通常认为，可能需要长期艰苦卓绝的训练才有可能达到这一步。比如，孔子就强调一定要刻意训练自己的诗书礼乐，才有可能达到仁者无忧的君子状态。

老子和庄子的方法却正好相反，他们似乎更强调无为本身就是一种修行方法，用无为的方法去练习，就能达到高人的境界。

站在大脑神经学的角度，老子和庄子的方法是完全可行的，但这不代表你不用从事刻意练习。而是在练习中，直接用无为的方法，让效率大大提升。

这里需要借助一个非常特别的场景，即大学宿舍的熄灯场景，来解释这个过程：

（1）切换收音机频道。脑电波决定着大脑的运行方式，可以像收音机频道那样切换，这里代表无为的第一个方式——切换大脑电波。

（2）安静的音乐。通过收音机听听安静的音乐，感受身体的放松，这里代表无为的第二个方式——感受自己的感受。

（3）熄灯。类似城市里大面积熄灯的效果，这里代表无为的第三个方式——关闭大脑后台程序。

03 切换大脑电波

在大学宿舍，睡觉前大家都喜爱听听收音机广播，且不断切换收音机频道。

脑电波决定着大脑的运行方式，可以像收音机频道那样切换，这里代表无为的第一个方式——切换大脑电波。

无论是中国的无为，还是西方心理学所提出的心流的状况，其实都是不同大脑电波作用下的结果。

通常情况下，主要有这四种电波，分别是：

β 波，即 Beta（贝塔）波，这是日常工作中的主要状态，主要表现为前额叶皮层主导的理性思维非常活跃，大脑处于一种机警状态。

α 波，即 Alpha（阿尔法）波，一般是睡觉或冥想醒来后的状况，大脑非常清醒而平静。

θ 波，即 Theta（西塔）波，一般在深度睡眠中产生，在排除外界干扰的深入思考时，θ 波也会出现。

γ 波，即 Gamma（伽马）波，比较少见的电波，一旦出现就能产生极致的创造性思维。

其中，电波转化为 α 波相对容易。大脑在 α 波状态下会分泌内啡肽和花生四烯酸乙醇胺（也叫大麻素）这两种激素。这让人感觉到压力和痛苦减少，进入到相对平静的状态。

所以，大多数作者都喜欢在清晨起床，这时候大脑基本处在 α 波的状态下，写作的思路非常清晰。

中国的棋圣吴清源在和日本九段棋手比赛前，都会诵读一遍《道德经》以达到可以忘我发挥的境界。这也是一种让自己快速切换到 α 波的方法。

更极致的状态是在 θ 波状态，通常是我们在睡眠中才有的脑波，一旦在我们的现实生活中出现，就是很高效的无为状态。

在 θ 波的状态下，大脑会更专注，这时会分泌血清素和催产素，这两种激素让我们感到了极大的愉悦，也非常利于大脑对信息进行整理和处理，创造性的时刻往往在此出现。

而 γ 波是大脑最高效的状态，我们产生洞见的时刻往往就是 γ 波出现的时刻。这是一种极致的体验。

所以，要想效率更高，并不是盲目地行动，首先需要大脑从 β 波转化为 α 波、θ 波和 γ 波。

04 感受自己的感受

我读大学的时候还没有智能手机和 MP3，大家只能通过收音机在睡前听听安静的音乐，感受身体的放松，这里代表无为的第二个方面——感受自己的感受。

通常情况下，我们更信任自己的思维，认为思维是人类这种万物之灵的独一无二的身份象征。

思维的优势在于分析和逻辑，但它有个很大的问题——太喜欢评判，从而抑制我们的发挥。

打过篮球你就知道，如果你在投篮前想过这个球该用什么姿势、从什么角度去投，那就多半投不进去了。

你在高考时也会遇到这种情况，脑子里总是不断地在想我是不是语文没有考好，这就导致下午的数学可能也发挥得不理想。

正所谓不要动念，一念即输。

提摩西·加尔韦在《身心合一的奇迹力量》一书中，给了我们一个非常重要的启示——放下头脑，发挥潜能，即全面打开你的感官。

在加尔韦看来，冷认知是意识和头脑相结合的系统，热认知是潜意识和身体相结合的系统。竞技场上瞬息万变，每一个超级运动员只有不断地通过热认知去调动自己的潜意识（潜能），才能达到巅峰体验。

在很多体育电影里，关键时刻教练都大声对自己的运动员说："什么都不要想，发挥自己就行。"也就是在提醒队员要放下头脑中的杂念，充分发挥潜能。

在美国，有越来越多的头脑工作者也开始用热认知去提升自我。如"呆伯特系列漫画"的创作者亚当斯，他说自己在网上收集素材时，学会了用听从身体感受的方式去收集。如果这个素材非常好，那么身体一定会有潜意识所带来的愉悦或其他感受。

在社会交往中，我们越来越需要一种叫钝感力的素质（渡边淳一提出的概念），我们从小所接受的文化正是让我们成为一个钝感的人（从容面对困难和挫折），这些素质的确保证了我们在人际交往中的顺利性。

在自我开发中，加强自我认知、提升思维能力，或者在从事创造性工作（作家、设计师）、运动员、产品经理等职业时，感官灵敏恐怕才是最为重要的。

所以，重新找回感官可能并不容易，最好的方法就是冥想。

如果你刚刚入门，那么，每天清晨或傍晚的时候选一个安静的地方，身体坐直（打坐或坐在凳子上），闭上眼睛，不断去聆听自己的呼吸，然后用注意力去扫描身体的每一个地方。从头到脚，从皮肤到内脏，坚持下去，会让你的感官变得灵敏。

至于为什么一定要训练感知能力，我只能说，如果你在某些工作中永远只能从思维中自我完善，那就意味着无法踏入高手的门槛。

就像我的很多朋友，刻苦练琴很多年，把每一首曲子都弹得非常熟练，就是没有办法成为真正的演奏家。

不要去控制，事情反而做得很好，这就是“无为”的精髓。

05 关闭大脑后台程序

熄灯以后，即使你现在躺在床上非常安静，你的大脑仍然有很多脑区还在忙碌。这些脑区消耗的能量，比开动大脑时消耗的能量还要多出很多。

这些忙碌的区域，实际是我们在不断进化过程中形成的大脑后台程序。就像你的智能手机里，不管怎么关闭，系统始终会有 GPS、电池安全监控程序等许多程序在运行。

大脑的后台程序却比智能手机里的多很多，这是经过上亿年进化逐渐累积的结果。比如，防御危险动物的模块、一见到漂亮异性就会兴奋的模块、空间感模块，等等。

大脑中这些在静息状态下的所有程序会形成一个类似蜘蛛网的网络，神经科学家称为大脑静息网络（Default Mode Network）。

和智能手机一样，这些后台程序会严重占据你的大脑计算带宽。据统计，人脑意识部分（前额叶皮层）的计算带宽只剩下 120 比特左右时，如果一个人在你的耳边嚷嚷，就会占据你 60 比特的带宽。

神经学家估算，在潜意识状态下，大脑的计算带宽可以提升到 1 亿比特以上，这是多么巨大的差异。

所以，许多高手通过大面积熄灯（关闭后台程序）的办法来增加自己的大脑计算带宽，这是一种极致专注的效果。

除了疯狂的训练达到出神的效果，确实还有其他手段，可以帮助我们达到熄灯的效果。比如喝酒，可以做到短暂熄灭冷认知，所以，李白能够做到斗酒诗百篇。

最近有本书叫《盗火》，各大读书专栏都有介绍。书中介绍了海豹突击队和谷歌公司共同研发了一种特殊的仪器，把人放到盐水里面漂浮，屏蔽一切外部感知，训练他学会忘我。他们搞的这个控制大脑的设备，目的就是让人变得极致专注。现在已经有人做到将学习一门外语的时间从六个月缩短到六个星期！

06 结语

所有方法里，我更倾向于爱迪生的方式。据说他在工作一段时间后，就躺在躺椅上小憩。每次他手里都抓住一个铁球，如果不小心进入深睡眠状态，铁球就会掉在地上把自己弄醒。这样他就可以享受那种半梦半醒的状态，也是最有创造力的一段时间。

所以，我现在写作，也是每隔 50 分钟就会到躺椅上躺几分钟。能够保持几分钟白日梦的状态，确实有助于我对知识的重新连接。效率比一直持续写要好很多。

钱锺书说："洗一个澡，看一朵花，吃一顿饭，假使你觉得快活，并非全因为澡洗得干净，花开得好，或者菜合你口味，主要是因为你心上没有挂碍。轻松的灵魂可以专注肉体的感觉 。"

大脑无止境，人生无止境。你，永无止境！

第三章

表达逻辑：

练就高效沟通的思维逻辑

如何把自己的想法表达清楚

01 表达的困扰

最近几年，你因表达而产生的困扰是不是越来越多？

比如，在会议室里，脑子里明明有一些不错的想法，但张口时却表达不出来。

或者在与人谈判时，预先准备好的说辞在情绪的影响下，完全发挥不出。

请注意，为什么我问的是最近几年呢？

因为大致从 2010 年开始，身边大量的人突然都开始用 iPhone4 或 Android 系统的手机，随后，整个社会迅速进入了移动互联网时代。

除了科技带来的巨大方便以外，每个人的自我也开始有了革命性的转变。当然，这也包括你的表达。

这种转变主要有以下两方面原因：

（1）个体从追求活得相同变为追求活得不同。比如，小时候你在国企大厂里，那些豆腐块式的居民楼都一模一样，然后隔壁家买了什么东西，你家也会买。这就是追求相同。

到了现代，每个人都想和别人不一样。首先大家的职业差别就很大，行业的种类也越来越多。

同时，每个人都开始追求自己的喜好，比如看电影、健身、瑜伽、手绘、长途旅行等。

每个人都不一样，就很容易造成相互之间的沟通成本变高，尤其是老同学或家人之间，相互看不懂的东西越来越多。

（2）社会从中心化结构变为去中心化结构，如图 3-1 和图 3-2。在过去，普通人更像社会的螺丝钉，社会角色比较单一，很多人 95% 以上的表达都集中在身边的几个人。过去的社会结构是一种中心化的结构。比如某单位的厂长，是社会网络的中心点。他的表达还算流利，而对于其他人来说，表达能力并不是刚需。

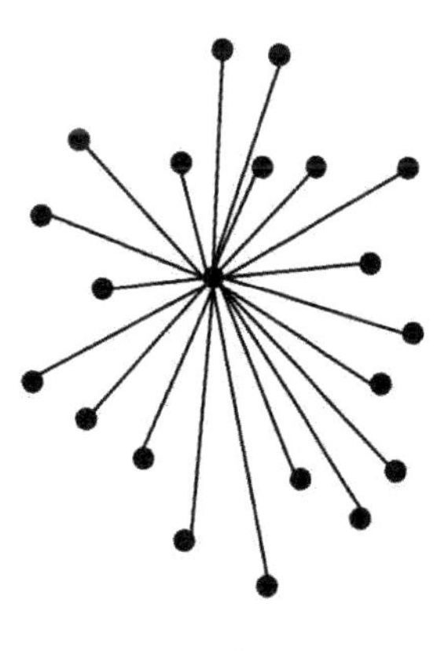

图3-1 中心化

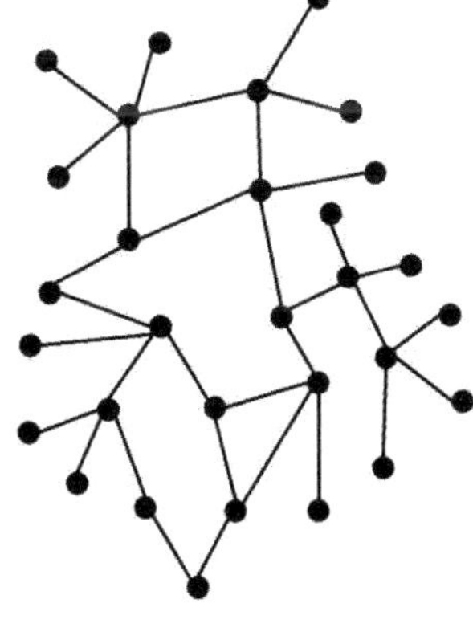

图3-2 去中心化

随着信息时代的突然来临，去中心化的现象逐渐形成，每个人或多或少都形成了一个属于自己的网络，这时候表达就变得非常重要了。比如，你虽然是公司的普通员工，但可能是读书会的组织者，你就需要通过各种努力运营好这个组织。

我们这一代人正在经历社会大转变，突然从一个靠亲缘关系的熟人社会变为靠商业关系运行的陌生人社会。

所以，表达的场景陡然增加，以至于大家经常出现表达方面的困扰。

表达的问题，我想最痛苦的莫过于在原始时期。那时候人类还没有发展出更多的词汇和句式，所以原始人在沟通时，经常表达不出心里所想。

我们假设原始人住在山洞中，他们想把意思表达清楚，那么需要注意哪些方面呢？

主要有以下三个方面，我称为“穴居人的表达”：

（1）把声音对准洞穴。这里指我们需要建立沟通视窗。

（2）岩壁上作画。这里指你应该用形象化的框架去表达。

（3）拒绝占卜师。这里指尽量避免使用间接语言。

02 表达的四个区域

你想想，如果你的亲友正在洞穴中，你想对他们喊话，那么最应该做的就是把声音对准洞穴，这样他们才能听见。

这正是我们在表达中遇到的最常见的问题——你听不懂我，我听不懂你。因为大家没有对着一个洞口喊话。

比如，你向同事说：“我对你的设计不满意。”这就容易造成歧义，因为多数人会以为你是不满意他的设计能力，所以，他们的情绪噌一下就起来了，之后的沟通效果肯定不理想。

其实你可能只是想表达不满意他这次的设计稿而已。

由于我们没有经历过专业的训练，所以说话时都是一个语气、一种表达，很难根据不同的表达对象进行调整。这也同样很难让别人理解自己的意思。

要想解决这个问题，有一个叫沟通视窗（乔哈里视窗）的工具可以帮助我们，如图 3-3。这是美国心理学家乔瑟夫和哈里在 1969 年从自我概念的角度对人际沟通进行了深入的研究后，提出的一个沟通解决方案。

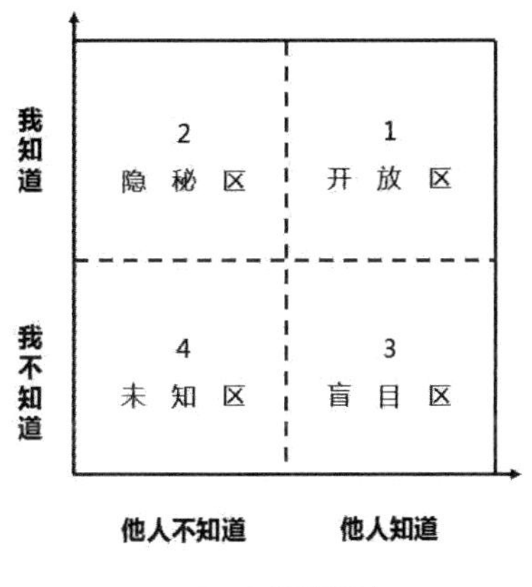

图3-3 乔哈里视窗

视窗中包含四个象限：开放区、隐秘区、盲目区和未知区。

1. 开放区——我知道，他人知道

同事间谈论一个互相都知道的八卦时，大家会聊得非常开心，因为大家的交流都在同一频道上。

在商务谈判中，这也叫达成共识——大家都看到了一个显而易见的价值可能。

所以在沟通时，最好随时判断彼此的对话是否都在这个区域。如果出现下面三种——隐秘区、盲目区和未知区，你就需要做出调整，走进开放区。

2. 隐秘区——我知道，他人不知道

我们有时会陷入这样的困境：在与人交流时，我们会觉得自己表达得很清楚，但是他人却迷惑不解。

核心解决技巧是把对方当作小孩，说得越简单、越清晰、越形象越好。

我们经常犯的错误是，认为有些东西是显而易见的道理，就不说那么详细了。

但是，人们恰好总是喜欢打听细枝末节，尤其是女性。多向别人介绍一些自己的细节，这样做一般都会受人欢迎。

3. 盲目区——我不知道，他人知道

这就是我们认知中的黑暗地带。我们需要用恳求反馈的方式，不断地向别人提问，以获得真实情况。

这里涉及一个关键因素——提问。

以前我们都在说倾听，但学会提问才能保障更好的倾听，从而更好地明白别人的意思。

比如，你刚刚分享完演讲，现在是提问时间，此时一个大学生模样的男孩提了一个问题："你认为大学生应该如何获得独立思维？"

这时候你不应该着急回答，因为你根本不了解他的真实目的，所以应该重复提问："你所指的独立思维，是指一种从父母那里获得的独立的行为，还是一种思考方面的独立呢？”

4. 未知区——我不知道，他人不知道

这是一片黑暗的未知地带，但也潜力无穷，挖掘这个部分最好的工具就是头脑风暴。

这里的原则是，千万不要评价对方所说的东西。比如，大家商谈一个营销计划该怎么做时，如果一个同事提出的建议不靠谱，也不要着急去反驳，因为这会让别人不再发表其他建议。

你应该让所有的建议都现身后再行讨论。

03 画出表达框架

因为人的大脑活动主要以形象思维为主，而表达又是以语言符号的形式说出来，所以，我们必然会存在表达不出脑中所想这种现象。

要解决这个问题，最好的办法是——在洞穴的岩壁上，把脑中的想法画下来！当别人看到你画出的想法时，一下就能明白，“哦，这个部分是什么，那个部分是什么”。

在真实的表达中，尽管我们做不到边讲边画，却可以用形象化的表达方式，让别人一听就可以明白，举个例子：

在一场发布会上，如果你这样说：“我们公司准备推出一款跨时代的手机设备。它的功能和之前完全不一样，我们在设计的时候完全考虑到客户的需求。而且我们是一家经验丰富的公司，以前也做过电脑、打印机以及各种小的电子设备。当然，这得感谢客户一直以来的支持，还有整个董事会的英明决策。大家应该记得我们公司还是某个软件领域的领头羊，曾经在音乐领域做出了很多改变。”

这就是一个脑语没有转换的发言，显得十分平庸。

我们可以用一些绘画中最简单的线条，让发言变得非常精彩。

比如，使用时间轴。我们看看乔布斯在推出第一款苹果手机时，是怎么说的：

“苹果公司是一家革命性的公司。1984 年，它推出 Mac 电脑，改变了整个电脑行业；2001 年，推出 iPod 随身听，不仅改变了人们听音乐的方式，也改变了音乐行业；2007 年，推出苹果手机，我相信它将改变更多行业客户。”

这样说是不是一下就变得很震撼呢？

另外，我们还可以描述出不同的空间。

比如，在面试时可以这样介绍自己：我之前的大学生活，主要是在三个地方度过——教室、图书馆、学校的演讲练习厅。

这就简单且巧妙地突出了自己是一个喜爱学习，并且擅长演讲的人。

你在会议室介绍一周的工作情况时，可以这样讲：“上周我有 3 天时间出差，在火车上我写好了这周要用的研发材料；在外地酒店我写了一份下个月使用的营销报告；昨晚回来后我和同事在办公室写了整个设计稿件。”

这就是利用了火车、酒店以及办公室等别人熟悉的场景，清晰地汇报了工作。

听众虽然不知道你即将表达什么，可能也不会去仔细听你讲的细节，但是，他们能够看清楚你画出的框架是什么，这就足够了。

04 搞清楚对方的价值观

占卜师的本质是用一些物品去猜测未知行为。这种习惯一直延续到现在，有些人总是用一些臆想去猜测别人。

加拿大神经语言学家史蒂芬·平克在《语言本能》一书中，曾经提出一个词叫间接语言（indirect language），准确地描述了人类的这个习惯——通常是为了照顾自己的利益和彼此的感受而经常使用的一种语言。

形成间接语言的核心原因是你不清楚对方的价值观。

所以你会发现，为什么在面试时，或向别人介绍一款产品时，我们经常表达不出脑子里本来准备好的内容。

正是因为我们不清楚对方的价值观。比如面试时，你不知道面试官更喜欢你有创新精神，还是更喜欢你循规蹈矩，所以你就不由自主地用间接语言来应答对方，到最后你就会发现自己的表达不清不楚了。

05 结语

把自己的想法表达清楚，并不是很难吧？

表达的问题，本质上就是思维的问题。刻意琢磨，就有收获。

电影《超体》里面有一句话："环境恶劣时，生命会关闭自己，追求孤独的永生；环境友善时，生命会打开自己，追求繁衍，以此把知识传递下去。"

这是一个越来越繁荣的时代，也是一个每个人将生命打开的时代，我们会越来越需要表达，不仅是口头表达，而且还需要更多地与这个世界进行交互。

设计一个张口就打动别人的开场白

01 从脑语到嘴语

有一次，马云的演讲开头是这样的：

“互联网就像一场万米长跑，我们只是刚刚完成最初的100米，很难说你旁边的人就是真正的竞争对手，再向前跑3000米，你才能发现到底谁是自己真正的竞争对手。”

这个开场白听起来令人神清气爽，你不禁感叹，大神就是大神啊！

但是，有的人演讲，是这样进行开场白的：

“回顾我们这几年创新、创业走过的路，回顾我们为建设互联网发展所进行的艰辛探索和实践，我们积累了许多弥足珍贵的经验，更需要在今后的工作中坚持和发展。”

不要嘲笑后者，这是大多数人都会有的开场白。当然还有更多人，根本没有开场白。

其原因是，我们的脑语逻辑，往往是以抽象理论存在的。如果你没有专门进行过一种将抽象转为具象的表达练习，那么你的开场白一般就难以突破。

一个神级的开场白，其实就是从脑语到嘴语的转化过程。

想获得这个技能吗？这对写一篇好的文章也同样有很大帮助。

02 大脑的三个层次

我们都知道人类生命经历了从鱼类到爬行动物、到哺乳类动物，再到灵长类动物的进化过程，而生命的进化总是在之前的基础上重新打造一套系统，而之前的系统又被完整地保留下来。所以，我们的大脑有三层，分别是爬行脑、情感脑以及思维脑，如图 3-4：

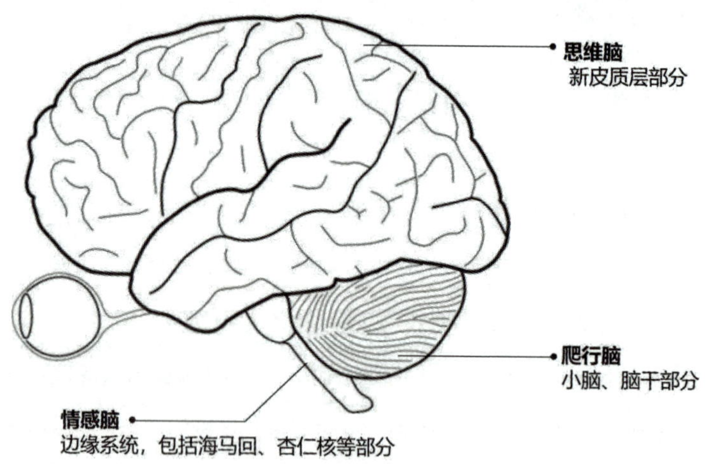

图3-4 大脑的结构

如果你想在表达时就对别人有所吸引，那就需要不断满足这三层大脑的需求。

我把这个过程称为“你在和哪个动物说话”，我用三种动物来指代不同的大脑：

（1）鳄鱼，满足爬行脑的需求。

（2）大象，满足情感脑的需求。

（3）猴子，满足思维脑的需求。

03 爬行脑的需求

爬行脑位于大脑的最里层，包括脑干和小脑等部分，早在3亿年前就已经在爬行动物的体内演化出来，负责控制身体的基础功能，比如基本的新陈代谢、欲望以及本能。

它是反应速度最快的大脑，主要的功能就是自我保护，如别人打你一拳，爬行脑会迅速做出躲闪的反应。

爬行脑同时又充满短见、保守而服从于习惯，而且还非常懒惰。

一般人刚开始听一场演讲，或打开一篇陌生文章时，都会处于一个稍显焦虑的状态。这时候，就是爬行脑在工作了。因为在一个未知模式下，通常都是自我保护在起作用。

所以，打动爬行脑，是所有开场白所必须具备的。

我们可以把爬行脑想象成一个原始部落的人，和他打交道需要满足以下两个方面：

1. 提供短期收益

《经济学人》曾经有一篇介绍理财的文章，开头是这样的：“今天我来回答三个问题，这三个问题有助于你的理财。第一，你如何挣10万美元？第二，你如何投资其中的3万美元？第三，投资的3万美元如何变成

10 万美元？”

是不是简明扼要，一下抓住了渴望挣钱的读者的心？

通常来说，相比那些长远的规划和利益，我们更喜欢肉眼可见的短期激励。

为了梦想而早起就远远不如如果 7 点以前起床，就能吃到丰富的美式早餐这样的诱惑。

2. 制造反差（反差会引起他们的特别注意）

TED 上有一段演讲是这样开场的：“美国的孩子在长大成人的道路上，有两个机构在这段旅程中至关重要，第一个机构是大家经常听到的‘大学’。但是大学有些弊端，学费昂贵，年轻人因此负债累累。总而言之，这是一条康庄大道，意味着他们有更多就业机会。

“但是今天，我想讨论的是第二个机构——监狱。”

这个开场白实际出自 TED 团队的设计，他们利用大多数父母关心教育的心理，且对大学这个公众熟悉的话题，巧妙地对比出了演讲的主题——监狱。

制造反差正是利用了人类与生俱来的好奇心进行表达设计的。

隔壁公司的化妆品非常好和隔壁公司的化妆品店的员工从来不用化妆品，这两种开场白，哪个更好呢？

04 情感脑的需求

情感脑又叫边缘系统，在大脑的中间位置，包括下丘脑、杏仁核体等部分。只在哺乳动物、少数爬行动物和鸟类体内存在，1 亿多年前才演化出来，能够处理复杂的情绪，有很强的记忆能力。

听名字就知道，情感脑负责我们的情绪，也就是所谓的感性，包括爱、厌恶、恐惧等。

视觉、听觉、嗅觉、触觉等感官神经元通道占据了整个神经元系统的90%以上。所以，人就是一个感性动物，触发他们的感性神经，打动感性脑，也是在开场白中要力争完成的。

你可以把情感脑想象成一个5岁的小孩，和他打交道的核心是：

1. 给予视觉信息（小孩都喜欢有画面感的东西）

大脑中三分之一的神经元是用来处理视觉信息的，和语言识别以及语音交流相比，视觉信息的功能更强大。

所以，对于人的大脑来说，最有力的传播方式不是文字，而是图像。

一个超大容量的MP3和能把1000首歌装进口袋的MP3，哪个开场白更好呢？毫无疑问是后者（iPod官方广告语）。

马丁·路德·金在最著名的《我有一个梦想》那场演讲中，有这样一段话：

“我梦想有一天，在佐治亚的红山上，昔日奴隶的儿子将能够和昔日奴隶主的儿子坐在一起，共叙兄弟情谊。

“我梦想有一天，甚至连密西西比州这个正义匿迹、压迫成风，如同沙漠般的地方，也将变成自由和正义的绿洲。

“我梦想有一天，我的四个孩子将在一个不是以他们的肤色，而是以他们的品格优劣来评价他们的国度里生活。”

他没有直接说平权运动所带来的好处，而是用如此有画面感的三句话去展望未来，立即点燃了人民的热情。

2. 建立情感联系（小孩是感性动物）

如果别人和你的情绪处在同一个频道上，就更容易接受你所讲的东西。

一家想做家乡菜外卖平台的创业公司，是这样讲他们的创业故事的：

“我大学毕业以后就留在了北京工作，一年也就回一次家。有一次生病了给家里打电话，被妈妈听出了情绪不好。第二天有人敲门，开门竟然是妈妈。她还带了好多老家的菜和肉，跟我说：‘没事，有妈在。’然后就在厨房乒乒乓乓地做起了饭。

“我躺在床上，闻到了家乡菜那熟悉的味道，眼泪就流了下来。”

他突出了家乡菜温暖的这一特质，巧妙地与观众建立了情感联系，把他们带入“家乡菜”这个主题来。

05 思维脑的需求

思维脑又叫新皮质层，位于大脑的表面，也就是我们最熟悉的左脑、右脑部分，占大脑体积的 85%。只有灵长类等少数高等哺乳动物具备思维脑，只有几百万年的进化史。

人类从来都以自己有思维而骄傲，其实这个头脑完全没有我们想的那样一直处于明智的状态，经常是靠自己不靠谱的经验做出判断。要是精神不集中或者疲倦，大脑也经常罢工。

让你大跌眼镜的是，所谓思维的逻辑，就是大部分人其实已经相信了某个结果，然后利用思维脑寻找支持这种说法的理由。

所以，打动他们的核心，主要有以下两种方式：

1. 给予符合观众认知的证据（人们以为结论是自己推算出来的）

医学博士希瑟·拉森在一次演说中，运用了一系列的惊人之语，听众迅速地被吸引了：

“每 11 分钟就有一个美国人死于这种病。这个数量是死于谋杀犯罪案人数的两倍，而 8 年越南战争的死亡人数也不过是这个数字。

“近十年来，这种病将使美国人今年在医疗费用上超过 60 亿美元，并失去劳动能力，甚至是死亡。

“我所说的因吸烟导致的肺功能萎缩这种疾病，可能会直接袭击我们在座的每一个人。”

正是利用“吸烟有害健康”这一深入人心的认知，以上的各种数据和对比才具备了意义。

在对付别人的思维脑时，一个成功的开场白并不是要强调你的思维逻辑多么独一无二。最重要的是，给予他们一个在认知范围内且有说服力的证据。

2. 讲故事（人类的思维按摩）

当人类还是原始人的时候就习惯每晚围坐在篝火堆旁，听族人讲不同的故事。大多数人所理解的思维，其实是故事思维而非理性思维。

道理只能赢得辩论，故事才可以收服人心。

海明威的《老人与海》开头，只有短短一句话，一定可以引起每个人的注意：“他是个独自在湾流中的一条小船上钓鱼的老人，至今已过去了 84 天，一条鱼也没逮住。”

我们每天都生活在一个理性且充满压力的社会，故事可以达到思维按摩的效果。

在开场时讲一个故事，远比那些生硬的数字有用得多。

06 结语

设计一个打动别人的开场白，主要是要撬动别人的三个大脑层：爬行脑、情感脑和思维脑。

其中主要是从以下这六个方面入手，可结合实际情况，任意选取：

（1）提供短期收益。

（2）制造反差（反差会引起他们的特别注意）。

（3）给予视觉信息（小孩都喜欢有画面感的东西）。

（4）建立情感联系（小孩是感性动物）。

（5）给予符合观众认知的证据（人们以为结论是自己推算出来的）。

（6）讲故事（人类的思维按摩）。

你更喜欢哪种表达习惯呢？

剧作家阿铎有一句话，“真正的美从不是直接打动我们，落日之所以美，是因为它表达了所有它使我们失去的东西”。

即使你从来没有经过训练，这也毫无关系。

明白了大脑的心理原理，你会发现打动别人是一件很轻松的事。

改变浑浊不清的沟通方式

01 是什么让你的表达浑浊不清

你知道吗，一年的时间，你大约会说一千万句话。

但是，为什么你却很难拥有讲清楚一件事的技能？

你经常发现自己对一件事描述了半天，别人却满脸茫然："你到底在说什么？"

无印良品首席设计大师原研哉有一句话，"我们越是用更多的表达去描述某物，我们就越难以准确"。

高手过招，最厉害的是无招胜有招。

高手说话，从来都言简意赅，总是能有少即是多的境界。

那么，我们该如何达到那样的说话水平呢？

是什么让你的表达浑浊不清？

在心理学中，因为我们无法得知别人的价值观底线，所以用了许多尽量让大家保持和谐的间接语言（indirect speech）。

比如，在谈判时，你并不确定客户是更倾向于自己公司的品牌还是别的品牌，你会担心抨击别的品牌会让客户自尊受损，所以在介绍自己的品牌时就有所保留。

在面试时，你并不能确定面试官更喜欢外向彰显自我的人，还是喜欢老实低调的人。所以在介绍自己的时候，你可能一直在揣摩别人，同时调节自己说话的尺度。

只是遗憾的是，多数的揣摩和调节，都是我们自己臆想出来的。

这个世界这么忙，每个人关心自己的时间都不够。

世界往往只需要你表达清楚，而不是浑浊不清的表述。

02 让浑水变得清澈

如果想要浑浊的水变得清澈，最好的办法就是让它沉淀下来。

浑浊之物逐渐沉入水底，水就会清澈起来。

要让自己的表达清晰，最为重要的是不去解释。

佛说静极生慧，是需要使自己的内心安静。

这显得有些禅意，但这就是东方文化的特点，需要自己心悟。

西方文化不一样的是，他们总是能把复杂的事情公式化、简单化。

所以，我想用一种表达公式，去诠释少即是多这种极简主义的表达方式。

03 一句话结论

这是极简表达的第一步，是一种手起刀落的迅速，是一种瞬间让空气凝固的震慑。日本美学大师黑川雅之把这种感觉称为“破”。

破的文化在日本无处不在，他们说话经常言简意赅，却能做到语出惊人。

曾经，原研哉在一次产品活动时，谈到了他对于灯光设计的理念，开场第一句：“我做的是光线的设计，而不是产生这些光线的照明器材的设计。”

这句话是否感觉像冷锋出鞘，瞬间把下面的人都震慑住了呢?

对于一句话结论，第一个重要原则是“不断剪枝”。

方法是，你把整场表达不断删减，减到只剩下最后一句，那就是你的一句话结论。

比如，冷战时期美国提出登月计划，登月计划的发起人需要把事情说明白，获得国会、美国群众的投资。

这个计划涉及牵制苏联、对军工科技的发展等，非常复杂，难以讲清楚。

最终，美国总统肯尼迪经过反复练习，提炼出一句话—— 10 年内实现太空人登陆月球并安全返回。

又如，优衣库的设计总监山本耀司在接受采访时，谈到自己这个概念，他说：“‘自己’这个东西是看不见的，撞上一些别的东西，反弹回来，才会了解自己。”所以，跟很强的东西、可怕的东西、水准很高的东西相碰撞，然后才能知道自己是什么。

山本耀司除了是设计大师外,还有一个身份就是日本最知名的段子手,他的很多语录无一不展示了日本的破文化。

04 只讲三件事物

在表达中，我们也只讲三件事，因为通常别人对你说的话，只能记住其中的两三件。

在这里，考究的是你归类整理的能力，日本是一个对整理术十分着迷的国家，他们把这种能力称为“并”。

举一个例子，你的妻子让你去超市买菜，她如果这样说：“记得买点黄瓜、土豆、猪蹄、秋葵和鸡肉，再买瓶酱油。对了，再买两条秋刀鱼好了，晚上可以吃，顺便提一箱牛奶，再买一盒鸡蛋。味精和白糖也没有了，记得买点儿。”

多数人恐怕很难记住这么多内容。

这时候就应该用并的方法，妻子应该这样说：“记得买三种类型的东西：（1）今天的食材：黄瓜、土豆和秋葵（蔬菜）；猪蹄、两条秋刀鱼和鸡肉（肉类）；（2）调料：酱油、味精和白糖；（3）营养品：牛奶和鸡蛋。

如图 3–5，这样丈夫就会很容易记住了：

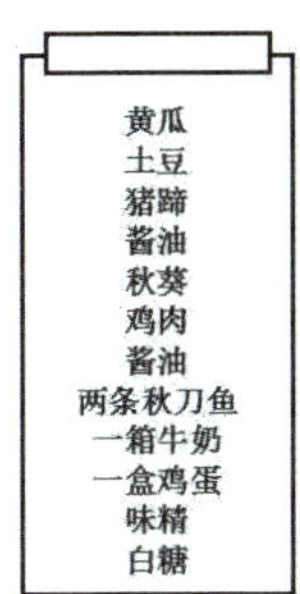

没有归纳的清单

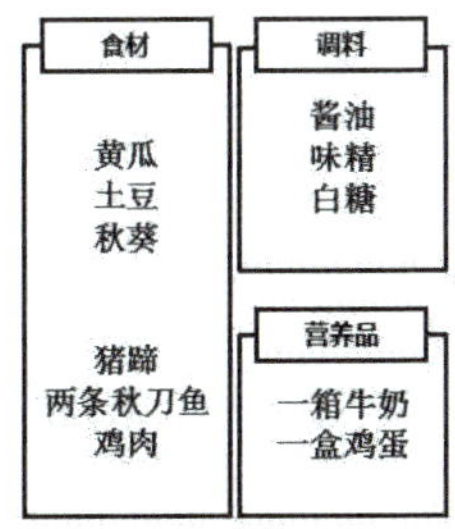

图3-5 归纳后的清单

所以，并的核心概念就是，将一堆事物进行归纳并加以定义。

就像《怦然心动的整理法》一书中对于衣橱整理的归类，衣、裤、鞋就十分清晰。

05 和人人熟知的概念相结合

我们来看看以下两组数字：

5714480975632369281

1234567890987654321

你能记住哪一组？毫无疑问，第二组是经过排列后的数字，它具备逻辑，所以你才能记住。

我们的大脑通常只对空间、时间、四季交替等自然逻辑更有印象，好的表达通常是和这些人人熟知的概念相结合的。

马云那句经典语“今天很残酷，明天很残酷，后天很美好。但是绝大多数人死在了明天晚上，看不到后天的太阳”就是一个典型的充满时间感的描述，往往能够使人留下深刻印象。

06 结语

我们最后实际演练一下，希望你能更清晰地获得这个技能。

场景：秘书对经理汇报开会时间。

很多人的表达是这样的：“你好，经理，老李说他今天下午参加不了会议了。王总刚刚也说，明天晚点才能从外地赶回来。会议室明天也被占用了。哦，对了，其他人觉得明天开会和后天开会都可以。我觉得会议要不改到后天算了，你觉得呢？”

这样的表达就很容易让人抓狂，根本不知所云。

调整过后，应该是这样的：

“你好，经理，我建议把会议直接改到后天，因为：

（1）老李和王总今天来不了了，今天举行会议肯定不行；

（2）会议室明天被占用，明天举行会议也不行；

（3）后天会议室可以预定，而且大家都在。”

说话本就应该成为你一生的修行。

如何设计一个令人印象深刻的自我介绍

01 大多数人都恐惧公众讲话

想想看，最让你恐惧的一件事是什么？

至少包括这件事情——你到了一个陌生的环境，突然有人让你站起来，做一段自我介绍。

国外有调查结果显示，最令人恐惧的事，死亡才排第二，排名第一的是公众讲话。这意味着，对于很多人来说，当众来一段自我介绍比死还难受。

从新生入学、求职面试，到商务谈判、项目路演……我们一辈子都在不断地做自我介绍。

可惜大部分人的自我介绍都千篇一律，“我是某某，来自哪里。”让人毫无感受、听过即忘。

为什么多数人的自我介绍，听上去都那么平淡无味呢？

请注意，自我介绍的问题，多半不是介绍出了问题，而是自我出了问题。

什么是自我呢？

我们来看柏拉图是怎么说的，他将每个人的自我称为心智洞穴：

想象一下，你是一名囚犯，被铐在一个洞穴里，除了墙壁之外，什么都看不见。

当然，洞穴里有一堆火光，你能看到的自己都是墙壁上的影像。

同时，隔壁的人也只能通过墙壁上的影像来认知你。

在实际生活中，每个人都是阅历的囚徒。

别人眼中的你，只是通过他们自己的角度，看到你在墙壁上的镜像而已。

这是心理学中，大脑镜像神经元造成的认知现象。

所以，自我介绍的核心并不是如何陈述一个真实的自我，因为别人并不关心你是谁、你来自哪里这种自己的标签。

你真正应该介绍的，是别人能看懂的镜像的那一部分。

02 建立镜像自我

什么是镜像的那一部分呢？看一个对比，你就知道了。

大家好，我叫马三立，相声演员。（真实自我）

我叫马三立。三立，立起来，被人打倒；立起来，又被人打倒；最后，又立起来。（镜像效果）

因为台下的观众大部分都目睹过“文革”那个年代，这就和观众建立了“文革”这个镜像效果，让他们马上记住了马三立这个名字。

所以，这就是自我介绍的核心——设计一段镜像效果的介绍。

其效果很像一部电影，大家往往对影像画面印象深刻，对其中的逻辑结构却记忆模糊。

有了建立镜像这个统一目的，我们再来看看一个自我介绍具体应该介绍哪些东西。

这可能需要借鉴好莱坞大片的结构。你会发现，即使再复杂的好莱坞大片，都会拍出清晰而极具吸引力的效果，那么他们是如何做到的呢？

以《蜘蛛侠》系列电影为例，主要包含以下三个部分：

（1）蜘蛛侠行装——角色。穿上行装就是蜘蛛侠，脱下行装就是彼得·帕克。

（2）被蜘蛛咬伤——经历。被蜘蛛咬伤后，主人公变成了蜘蛛侠，介绍一个具有冲击力的经历。

（3）能力越大，责任越大——价值观。介绍一个贯穿始终的价值观。

03 角色

如果给你 10 秒钟介绍一下自己，最重要的就是角色。

穿上行装就是蜘蛛侠，去拯救世界；脱下行装就是彼得·帕克，去大学念书。这就是不同的角色。

揣摩自己的角色，不仅仅需要介绍你是谁，更重要的是要介绍在受众对象中你能做什么，或者你和听众的关系。

1. 你能做什么

陈毅元帅曾在抗战动员大会中有一段精彩的自我介绍：

“我叫陈毅，刚才司仪称我为将军，不敢当。我现在还不是将军。但是叫我将军也可以，我是受全国老百姓的委托，去‘将日本鬼子的军’，一直把他们将死为止。”

考虑到是在抗战动员大会上，将军就完全不如将日本鬼子的军这样的引领角色。

这样的自我介绍，角色代入感极强，让抗战军民感觉很解气，这就形成了镜像效果。

2. 你和受众的关系

中国台湾作家李敖说：“五十年来和五百年内，中国人写白话文的前三名是李敖、李敖、李敖。嘴巴上说我吹牛的人，心里都为我供了牌位。”

他用嘴巴上说我吹牛和心里为我供牌位这种与受众极度冲突的关系，设定了一种十分狷狂的定位。不管你喜不喜欢他，至少都会暗自佩服他——有才！

04 经历

如果你的自我介绍大致有1分钟，那么你就需要加入一些个人经历了。

在《蜘蛛侠》电影中，高中生彼得·帕克在一次课外活动中，意外地被一只受过放射性感染的蜘蛛咬伤，然后获得了蜘蛛一般的特殊能力。这是一种人人都渴望拥有的经历。

你去面试的时候，不管简历写得再怎么花哨，最终会发现面试官最感兴趣的还是你的经历。

因为经历是显性的，能够被大脑简单判断，而人品、性格、道德、能力这些隐形的东西，理解成本要高很多。

在介绍经历的环节，重点在于是否构成冲突。

蜜芽创始人刘楠分享过一个自己如何获得徐小平老师投资的故事：

那其实是一段非常精彩的自我介绍，刘楠拿到徐小平的手机号之后，精心编写了这样一条短信：

“徐老师，您好，我是一名北大毕业生，现在在开淘宝店。我的销售额已经有 3000 万元了，但我非常不快乐。我听说您是青年人的心灵导师，我是一个陷入困惑的青年，您有时间开导我一下吗？”

北大毕业 VS 开淘宝店，销售额 3000 万元 VS 不快乐，这个冲突极其强烈，反差巨大，令人印象深刻。

05 价值观

如果自我介绍的时间比较充裕，比如 3 分钟左右，那么除了角色和经历以外，你还可以加入一个关于你的价值观的故事。

能力越大，责任越大，这句话大家已经耳熟能详了吧，《蜘蛛侠》的每个系列都是在诠释这个价值观。

因为我们的大脑总是喜欢走捷径，总想用一个价值观就能理解一部电影、一本书、一个人。

如果时间充裕的话，你应该去创建一个属于自己的价值观，这个价值观的核心就是从一而终，尽量用细节勾勒出来，观众将难以忘记。

我们再来完整地看看马三立的自我介绍：

“我叫马三立。三立，立起来，被人打倒；立起来，又被人打倒；最后，又立起来。

“我这个名字叫得不对，祸也因它，福也因它。

“我今年 85 岁，体重 86 斤。明年我 86 岁，体重 85 斤。

“我很瘦，但没有病，从小到大，从大到老，体重没有超过 100 斤。

“现在，我脚往后踢，可以踢到自己的屁股蛋儿，还能做几个‘下蹲’；向前弯腰，还可以够着自己的脚。

“头发黑、白各一半；牙好，还能吃黄瓜、生胡萝卜，别的老头儿、老太太很羡慕我。”

怎么样，一个瘦弱但坚韧的相声老头儿形象，是否让你印象深刻?

贯穿始终的，就是他坚韧的价值观形象。

06 结语

现在你懂得自我介绍的技巧了吗?

核心就一句——你在别人眼中，就是一出戏。人生如戏，全靠演技。

这显得有些无奈，但事实就是这样，别人理解你的时候，通常都是用简单的镜像眼光去看待你。

用镜像的形式设计一个专属的自我介绍，可能很多年都能派上用场。

比如，郭德纲的相声界的小学生、非著名相声演员，于谦的抽烟、喝酒、烫头。

也许就那么一句话，管用一辈子。

记住一句话，人们宁愿去关心一个蹩脚电影中的吃喝拉撒和鸡毛蒜皮，也不愿了解你波涛汹涌的内心世界。

花点儿时间去练习你的自我介绍，这是完全值得的。

内向者如何通过表达掌控局面

01 什么是内向和外向

你是内向者还是外向者？

我想你很可能会这样回答："我应该是中性偏内向"，或者"我感觉自己有双重性格"。总之，我猜大多数人的回答都是模棱两可的。

其实，这是因为我们对外向和内向的误解。

外向（extrovert）并不是指话痨，内向（introvert）也并不是指羞涩。

因为你会感觉到，自己小时候内向，现在外向；自己在父辈前很内向，在朋友间却很外向；在死气沉沉的会议室里很内向，在读书分享会上却很外向。

在心理学理论中，外向和内向更多地是指每个人在不同情境下的习惯而已，而不是指一个人的特质。

02 内向不善表达的原因

确实有许多感觉自己内向的人，他们的社交和表达都是硬伤，这是什么原因呢?

这实际上是人的另一个特质所导致的——高感性特质（Hi-touch trait）。这个概念的核心是，一个人对于外界刺激有着比其他人更强烈的感知和感受。

牛顿，他几乎不与人交流，却能从苹果落地等最简单的生活现象中领悟出力学理论。

毕加索，他说自己眼里的世界可能和别人眼里的完全不一样。

实际上，各行业的大师通常都是高感性特质的人。比如乔布斯，他能从禅宗、美学、计算机科学等事物中整理出复杂逻辑，创造了现在的苹果公司。

除了后天训练，高敏感度的人大部分是天生的，主要是因为他们的感官神经比别人的更灵敏。

这种灵敏的特质使他们很可能成为艺术家或思考者，却让他们显得内向，主要是以下两个原因：

一是社交所带来的刺激比较强烈，他们从本能上不太能够接受。他们更喜欢安静，喜欢从自我接触中获取能量。

二是因为经常自我探索或更喜欢独处刻意练习，他们对某些事物的理解变得很深刻，逐渐也不喜欢那些浅度的社交。

所以，内向并没有什么问题，一个很内向的音乐家和一堆音乐家也能聊得很开心。

内向者真正的问题在于，面对这个世界上更多的浅度领域，他们该如何掌控。

掌控是一个什么概念呢？绝不是一个人在一堆人里喋喋不休，而是通过简单的表达，使所有人信服，甚至是超越所有人。

这听上去有点难，这种表达功底貌似都需要千锤百炼才可以达到。

我们都知道极简就是极难，但在我的理解里，极难也许正是极简。

一个内向者如何通过表达扭转局面？这可能需要用一个全新的概念。

我们借用现代体育竞技中的场景，就可以让问题迎刃而解，我把它称为“NBA 转播视角”：

（1）NBA 主场，即主场优势。

（2）赛场解说，即行为对话。

（3）场边的多角度摄像机，即视角切换。

03 主场优势

经常看 NBA 的人都知道，比赛中存在主场优势。在主场，通常球队的战绩都要好很多，这是心理学中的领土意识所致。

对于内向者，社交场合中的领土意识显得尤其重要。

你一定会有这样的感受，如果在某个场合中，突然感知到了掌控，你将表达得非常好；如果自己的心理是被动的，那你可能表现得一塌糊涂。

这是因为内向者通常对临场的随机应变经验不足，所以干脆从一开始就要建立自己的主场优势。

这听上去很神秘，其实很简单，主要是三个方面：空间、时间和氛围。

（1）空间原则，尽量去你熟悉而对方不熟悉的地方。

比如，让别人去你的公司、去你熟悉的咖啡馆，或把人叫到你的办公桌前谈事。

总之，要制造一种你是主人，对方是客人的感觉。

（2）时间原则，一定比别人早到。

去会议室，一定要最早到；去吃饭谈事的时候，也尽量比别人早到10分钟。

那些早上6点起床，然后最早到公司的人，是不是都让你感觉他们有种强大的气场？

（3）氛围原则，强调共生性。

《速度与激情》里面的老大多米尼克口头禅是“We are family”，他永远在塑造一种家庭感，而他会照顾家庭里面的每一个人。

在对话中，更多用我们，也可以多关心你，而尽量不用我。试图让大家找到一种共生的环境，而你的角色便是这个环境里的家长。家长是用关怀和包容去面对每一个人，而不是利用权威。

04 行为对话

为什么从有比赛转播开始，就一定会有解说员在旁边描述场上的情况和球员的动作呢？

那是因为人们通常都很喜欢一种叫行为对话的模式，也就是说人们更喜欢听别人描述动作，而不是听别人的评价式对话。

你去外地出差，见到上次帮你做方案的同事小A，一开口就直接评价，“上次你做的方案真的很好”。

这就不是一个高手能说出的表达。这句话看似是赞扬，但让人不好接话。通常别人就只能回应谢谢，然后继续尬聊或不聊了。

这时候你就需要把评价式对话切换为行为对话。

你见到小A，可以这么说：“小A，你上次的方案我收到后，看了三遍，非常有收获。第二天又看了一遍觉得很好，又拿给部分同事分享，大家都觉得你的方案很吸引人，特别是开头和结尾部分。”

尽管整个描述会有些夸张的成分，但这种把行为、经历描述出来的过程，别人是十分受用的。

如果是别人对你进行评价式对话，你也可以用行为对话来化解尴尬。

小A对你说：“你的演讲很厉害。”你可以直接引导：“谢谢，上次的演讲，最开始我准备得不够充分，中间有一段始终不满意。后来我请教了一下市场部的麦克，他让我这么修改。我才感觉好了很多，所以演讲比较顺利。”

感受到了吧，如果大量陈述事实，回应效果也会非常棒，不会显得你很轻浮，但也客观地证明了你的价值。

之前我们说到，内向者的观察和感受能力都十分出色，利用这个优势，在对话中描述客观细节，这是高手的办法。

05 视角切换

在NBA赛场上有很多误判，但主裁判在观看另一个视角的比赛回放后，就可以纠正之前的误判。

多视角看问题，在社交场合往往才能出其不意占据主动地位。

在一场会议中，内向者经常遇到的情况是，别人说得头头是道，自已却完全插不上话；即使说上两句，也会被能说的同事的口水淹没得无影无踪。

实际上你不用担心，往往话最多的人，都是思维普通的人。你需要做的事，就是静静听完，然后找到一个机会，一击出彩。

这就需要你对所有人的表达做到切换视角。

如何切换视角呢?

我举一个例子，公司开会讨论产品（一套企业服务的 App 系统）的营销方案，A 说应该做个视频，B 说应该弄一场像苹果手机一样的广告，C 说根本不用视频，用软文介绍功能才靠谱，D 说研究推广渠道才应该是最重要的。

听他们乱成一锅粥，这时候你登场，这样说：“其实，我们可以厘清一下，我们的产品到底是个什么东西。

“通常用户消费一件产品，两件事情最重要：一是价格，二是体验（高体验代表购买一件事物的兴奋程度，如买一辆新车会很兴奋，买一支牙膏则不会）。

“然后我们可以画出四个象限：

“低价格——低体验。生活必需品，消费时没有感受，比如牙膏、螺丝刀、卫生纸。

“低价格——高体验。及时享乐品，消费时有短暂的愉悦感，比如可乐、啤酒、一场电影、一局游戏等。

“高价格——低体验。无奈的选择，不得不去购买，比如花几千元看牙医，购买保险、企业管理 App 等。

“高价格——高体验。人生的追求，期待很久的购买，比如汽车、刚上市的 iPhone X、一套别墅等。

“我们的产品属于第三个象限内的产品，价格昂贵，企业选择购买，通常不会有什么积极感受。

“而所有第四象限内的产品，一定只能按照专业—功能介绍这个套路去做营销。

“苹果的广告并不适合我们，因为它是第四象限的产品，强调体验感。而我们要体现专业和理性，把功能介绍清晰，这才是最重要的。”

相信同事一下就震惊了，原来对于产品的分析，还可以这样。

这个案例来自拜耳医药保健市场战略首席教授柏唯良的《细节营销》，其核心思路是：如果你遇到一些棘手的问题，直接确定一个核心。比如，刚刚这个例子，其核心就是客户的关注点，即价格和体验。然后对其进行分析，之后就可以得到完全不同的视角。

06 结语

有一句话这样说：“其实你并不内向，只是不擅长对不亲密的人开放。”

著名心理学家和精神病学家卡尔·荣格在提出外倾—内倾人格学说之时，也同时说了绝对倾向于哪种性格是不存在的，多数人都在两种性格间游离。

所以，不要认为自己是所谓的内向者，更不要给自己贴什么标签。

表达只是一种技能，一种体现自己思维方式的工具。表达之时，记住一个关键，尽量用讲故事的方式去呈现。

内向者总以为世界离自己很远，换一个角度，世界都是你的。

如何应对别人的批评和否定

01 批评的来源

你所经受的批评、干预和否定，更多是来自哪里呢？

我猜大部分来自和你有亲密关系的人，父母、另一半，或是你的上级。

其中，父母和另一半和你是情感亲密，上级或其他同事和你是社会亲密。毕竟他们需要为你的人生的某个阶段负责，简单一句话就是——这是为你好。

曾经也想过追逐梦想，但父母一定要让你去国企，虽然工资挺少，但是挺稳定。

后来你工作努力，对一个方案仔细钻研后，领导却回应："这是什么东西？做事要实际！"

回到家后，你一咬牙开始琢磨创业的事，但另一半的抱怨可能会随之而来，"好不容易稳定下来，怎么又开始折腾！"

我知道你可能尝试去沟通，但多数时候都没有用。你也偶尔会愤怒反击，但往往话到嘴边却因为诸多考虑又咽回肚子。

所以，你还能做什么呢？陌陌的广告语给了你挺好的建议：

“别做新鲜事，继续过平常的生活。有些事想想就好，没必要改变。待在熟悉的地方，最好待在家里，见一样的人，重复同样的话题。心思别太活，梦想要实际，不要什么都尝试，就这样活着吧。”

这显得有些无奈，多数的人生是一张大网，刚好由生命中那几个最重要的人帮你编织好。你就像只昆虫，很难逃出去。

也许，这就是宿命。

02 心理边界

但是，在理性的世界，根本没有所谓的宿命。

实际上，这是你的父母、另一半、上级他们的心理边界（personal boundaries）出现缺口所导致的。

什么是心理边界呢？其实很好理解。

如果一个杯子放在桌子上，你无论如何都不可能把杯子和桌子看成一个事物，因为它们有明显的物理边界。

又或者是一个同事想拿走你的手机，你会立即阻止，因为你是手机的拥有者，有明显的资产边界。

当一个人指挥你做东做西或者对你严词批评时，你却很可能选择忍耐或顺从。你更多时候不知道该怎样去回应，这就是心理边界很模糊，有缺口的表现。

心理边界就好像围绕你的自我画的一个圈。最重要的目标不是区分自己和别人，而是区分可控世界和不可控世界。

一个人无论是个人发展、家庭、婚姻、政治、经济、文化，总有一部分在你的控制范围内，也总有一部分在你的控制范围外。区分这两者的，就是心理边界。

多数人总是妄想控制那些明明就控制不了的事情。如逼孩子一定要成才、希望扭转另一半的价值观、希望把下属都变成工作狂。

这就是心理边界出现了缺口，关注点聚焦到心理边界以外了。

03 放弃控制

几乎每个人都有心理边界缺口，这是个普遍现象，该如何去解决呢？

请记住一个原则——你需要通过放弃控制来获得控制。

改变别人是最难的，顺着别人的思维惯性，用顺风而行的方式，也许可以让问题迎刃而解。

这听上去可能有些迷糊，实际上都是一些可以操作的技巧。

顺风而行的最好场景就是“飞行的热气球”，借助这个场景，我展开描述：

（1）气球、点火器和吊篮，寻找冲突的关键，即行动、需求和情绪。

（2）寻找风层，即建立控制错觉。

（3）昂贵的热气球，即建立干预成本。

04 寻找冲突的关键

离热气球很远的地方，你通常只能看到体积最大的气球部分，而热气球下面有挂篮，挂篮与气球中间有一个点火器，这些你都看不清楚。

这多么像一个问题冲突的三个部分——行动、需求和情绪。

比如，你想通过节食减肥，而你的母亲认为你应该多运动，这就是行动冲突。

随着越来越多的冲突，你逐渐产生了对于母亲喋喋不休的反感情绪，而你的母亲也产生了你总是不听话的焦虑情绪，这是情绪冲突。

实际上，你减肥的需求是想更美，而母亲是希望你更健康，这是需求冲突。

通常我们都习惯关注气球那一部分，常常围绕一些表面的行动而相互指责。比如，你一直强调节食减肥也很科学，但母亲完全不能理解，一直进行反驳。这是最低级的冲突模式，毫无意义。

在点火器的部分，因为情绪是一种自我保护机制，往往为了维护自己的安全感而去伤害别人。所以，我们经常陷入一种相互伤害之中，情绪冲突也毫无意义。

我们应该把关注点放在吊篮这一部分，也就是需求。因为心理边界不清晰，导致人们总想以自己的需求去说服别人，这是需求冲突的关键。

所以，这需要找准不同的需求点，虽然从表面上看，更美和更健康并不冲突，实际上你和母亲的矛盾是，你可能因为没有运动习惯或没时间，不愿意通过运动来减肥。

核心是没有运动习惯或没时间的问题，这个时候如果能找到一个不用花太多时间却又轻松的运动（比如瑜伽），冲突就彻底解决了。

05 建立控制错觉

热气球在飞行中，风是唯一的动力。很多人认为，那不就只能随风而动了吗？

热气球航行者研究出了唯一的办法，通过升高或降低来找到不同的风层。看似风在吹着气球跑，实际上热气球还是被人掌控。

我们在与人交往的过程中，通常有一个最高明的方法，与控制热气球同样的原理——帮助别人建立控制来获得控制。实际上是帮助别人建立一种心理现象，控制错觉（illusion of control）。

这听上去很高深，其实用一些简单明确的办法就可以实现。

比如，一个父亲为了训练儿子的数学，买了一本习题集，每次撕下来一页给他做。以前都是父亲选哪一页儿子就得做哪一页，儿子完全被动。有一天，儿子说能不能让他自己选一页，父亲说可以，而且决定从此之后都让儿子自己选择做哪一页。

父亲让儿子得到了控制错觉，做题的愉悦感和积极性都提高了。实际上，他反正也得做完这一本习题集。

女生总是抱怨男生太忙，没有时间陪她，“你整天在公司忙，现在努力就一定要把自己搞得很忙吗？”

男生可以这样说：“我也意识到了忙对我们的家庭不好，你帮我想想吧，你感觉是我的工作方法出了问题，还是我的时间管理出了问题？”

女生立即缓和下来：“我倒不是觉得有什么问题，只是想看看能不能让效率更高，或换个思路。”

看到了吧，女生刚开始对男生由抱怨转换成了探讨工作本身的问题。

女生抱怨男生太忙，潜台词是对彼此的生活没有太多参与感，男生让女生参与进来，问题就得到了解决。

06 建立干预成本

热气球在如今依然是一个十分昂贵的飞行项目，无论是作为游客观光，还是自己考取驾照，都得付出一大笔费用。比如，坐热气球去看珠穆朗玛峰，至少要花 3000 元。

但是，热气球的物料成本却很便宜，昂贵的原因主要是产业稀缺这个隐性成本。所以，你在生活中见得很少。

要让那些干预从你的生活中变得很少，恐怕也需要借助这个原理，增加干预的隐形成本。

父母总想干预你的生活，另一半总想干预你的想法，那都是因为毫无成本，所以他们才总想掌控。

通常你的反驳成本是很高的，因为你总是担心强烈的回应会导致自己失去很多，如小时候会担心父母不爱自己了、恋爱时担心另一半会离去。

这还是一种心理边界模糊的表现。尽管他们和你是有亲密关系的人，但是你应该为自己努力、为自己负责，而不是把所有的选择权交在他们手上。

你需要明白彼此的角色，他们只是你某段人生路上的陪伴人，而不是你的决策者。

这就像明星和经纪人的关系，明星尽管有许多事情都交给经纪人打理，最起码他们之间有平等的协议。经纪人的运作没有达到预期效果，那是要赔违约金的。

所以,你可以增加他们的干预成本,金钱、时间或精力上的成本都可以。

父母让你赶紧相亲,希望你马上能结婚生子,你应该提议:“既然我的婚姻是你们安排的,你们有义务为我将来的幸福负责。我可以马上去相亲,也可以和你们觉得满意的女生结婚。但是,请你们为此支出100万元,如果我每一年都感觉幸福,那我就退回5万元。直到20年后,基本可以确定这段婚姻是稳定和幸福的,我也刚好把这100万元返还给你们了。”

尽管这种做法有些极端,但如果真这样和父母说,他们的反应多半会是:“你自己的事情,还是自己做主。”

07 结语

你之前会担心,有些事不说的话,自己觉得憋屈;说了的话,又怕别人不快乐。

其实还是自己内心不够强大的表现,无法做到坏情绪自我消化,也无法做到心无旁骛、不畏人言。

村上春树有一句话:“你要明白,不是所有的事情都要管,也不是所有的鱼都要生活在同一片海里。”

这个世界上的路有那么多条,走好自己的就行。

怎样让你喜欢的人也喜欢你

01 你为什么会喜欢一个人

你现在有没有喜欢的人？

当然不一定是朝思暮想，可能只是一些微小的感受，你一看到他的照片，就感到温暖；偶尔能聊上几句，就顿觉心安；见面时，心底便欢喜。

有一句话这么说："喜欢一个人就是，即使再风马牛不相及的事，你也会在脑海里拐几道弯，逆着顺着也想到她那儿去。"

也不一定只是爱情，如你喜欢村上春树或王小波；或者音乐圈里，那个曾经青春的信仰；或是你身边，你不怎么和他说话，但觉得很厉害的人。

不管怎样，如果你喜欢一个人，总是想去见见他，总是会关注他所喜欢的东西，你也希望他喜欢你。

你为什么会喜欢一个人呢？

很多人觉得，世界上唯一不能解释的，就是为什么会喜欢一个人。

在心理学中，一切问题都能找到根源。喜欢实际是指依恋行为系统（attachment behavior system）。

之所以称为系统，是因为它是由安全感缺失—产生情绪—对象投射，整个系列过程产生的：

安全感缺失：如你因为家庭而自卑，在同学面前总是不太自信，逐渐形成了社交弱势。

产生情绪：这件事引发了你体内皮质醇的堆积，导致了持续的焦虑情绪。

对象投射：同桌看你不开心，愿意陪你聊天，让你找到了安全感，逐渐引发依恋的可能。

所以，很多人的初恋都是离自己很近的人，同桌、教室前后桌、邻居等。这就是因关系紧密，别人对你好而产生的喜欢，我们暂且称为依恋系统 A，如图 3–6：

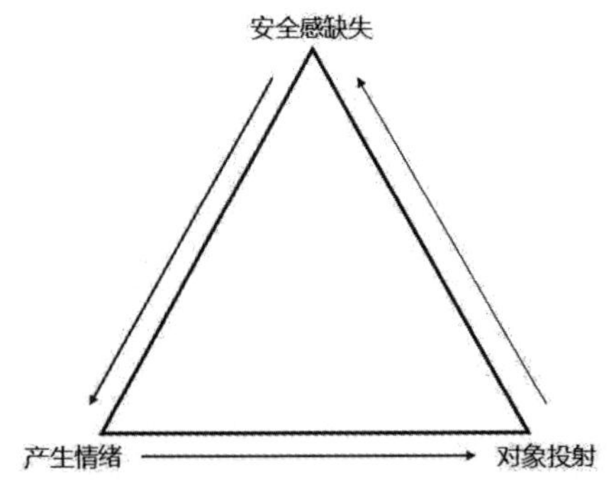

图3-6 依恋系统A

你可能会说："不对啊，我当时喜欢的那个人，主要是因为她长得好看。”

实际上，这种由欣赏美好而产生的喜欢，也是一样的，都属于这个依恋系统。这又是什么原因呢？

其实就是依恋行为系统的升级版，我们称为依恋系统 B，如图 3–7：

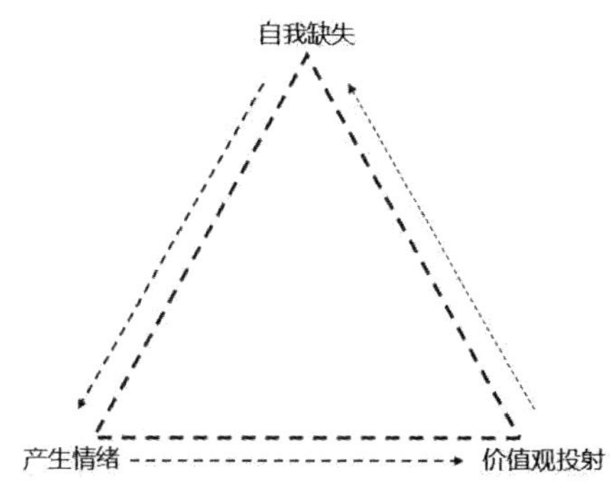

图3-7 依恋系统B

自我缺失：每个人都渴望看到一个真实的自我，镜子可以看清楚外表，价值观、想法、品格等东西却很难被真实反馈，所以我们经常迷失自我。

产生情绪：大脑发出激素的信号，让你疯狂探索那些能给自己带来价值认同的东西。一旦活动，多巴胺分泌，你就会感到满足。

价值观投射：你会因为能够索取到价值观而喜欢别人。其中，你更倾向于最熟悉的（长得很像你母亲的女生）、最好的（漂亮女生、夺冠的足球队）、最可能得到的（已经有积极互动的女生、你能看懂的一本书）这三种。而这三种其实也就是最能为你提供安全感的。

在心理学里，真爱不过是指一种对童年缺失的弥补，为了满足自己的需求，寻找心理慰藉而已。内心相对强大的人，喜欢上别人的概率就要低一些。

只是系统 A 是对安全感的弥补，系统 B 是对价值观的弥补。

所以，如果你既做不到对别人的安全感进行弥补，又无法提供自我价值对别人进行价值观弥补，那别人怎么可能喜欢你呢？

一旦当别人的生命中出现了那个她认为可以提供弥补的人，大脑就会分泌一种叫苯乙胺（PEA）的激素，这会使她放大对方的价值，更沉浸在这种满足之中。

这就是所谓的喜欢。

所以，这并不神奇。如果你喜欢一个人，也想让别人喜欢你，那就帮她建立系统 A 或系统 B。

当然，具体是系统 A 或系统 B，你是难以控制的。实际只需要把握其中最关键的地方就行——情绪、价值观和安全感。

如何建立呢？我们需要借助电影《剪刀手爱德华》中的场景，来展开一次非常特别的恋爱经历：

（1）可怕的剪刀手，制造情绪共振。

（2）理发用的镜子，建立反射价值。

（3）完美的发型，安全感修复。

02 制造情绪共振

在小镇上，如果你去理发店理发，第一次遇到理发师剪刀手爱德华，你多半会被他的剪刀手吓得半死。

在理发中，即使你知道自己是安全的，也难免会肾上腺素飙升，情绪会惊恐。

刚刚我们提到，无论是系统A还是系统B，情绪都是一个非常重要的环节。

几乎可以这么说，所有初恋的心动的感觉，其实就是一种情绪；而很多情绪的聚集，就会催生出一段情感。

很多时候我们不需要刻意，这种情绪一定是双方都能被激发的，在心理学上叫作情绪共振。

具体的情绪并不特别，主要就是紧张、惊喜、恐惧等这些可以让人分泌激素的东西。

比如，在选择约会地点时，选择去游乐园就远比去吃一顿饭要好很多，因为一起坐过山车或去一个鬼屋能产生惊恐的情绪，身体会释放大量激素，从而更快地引发系统 A 或系统 B。

在表达过程中，适当地用语言去制造情绪，也显得非常有必要，这里有两个技巧：

第一个是反转，也就是设置一些小障碍，然后剧情反转。

比如，你即将去见她，却给她发送信息："因公司有事，临时赶回去，实在抱歉。"

她肯定感觉挺失落的，但 5 分钟后你却出现在她面前。这就是一种善意的、简单有效的情绪刺激。

第二个是直接表达。

比如，她在朋友圈里发了张照片，你可以直接留言："你是我朋友圈里最美好的人。"或者直接说："我就是喜欢你说话的样子。"

请注意，直接表达不是让你直接表白。因为一些直接表达是可以让对方产生小鹿乱撞般的感受，但表白意味着你直接交了底牌，别人很可能从感性模式直接切换到要评估你的价值这种理性模式。

请记住一句话，表白是胜利后的号角声，不是即将牺牲的冲锋号。

03 建立反射价值

大家都知道，理发时需要镜子，因为无论是理发师还是自己，都能看到清晰的自我反射。

当你喜欢一个人，肯定希望自己的价值得到对方的认同。直接告诉别人，效果往往一般，借助周围的镜子反射过去，才是高手用的方式。

如下面这两种情况：

情境 1：你和一个女生去吃饭，开场来一段自我介绍："我是李二锤，性格很沉稳，认为自己是比较有风度的一个人。"

情境 2：你邀请她到一家很好的西餐厅。点餐前，微笑着和服务生寒暄几句，主动向服务生介绍这位女生为王小姐，问问他们餐厅最近生意如何、今天的例汤是什么等。

感受到了吧？你要显示自己的价值，通过与服务生连接所呈现的效果就要好很多。这相当于借助身边的镜子，把价值反射过去，所以叫反射价值。

产生这种价值的原因是，对方和你相处起来还是挺紧张的。当一个人没有安全感时，会更容易借助社会环境来判断价值。

所以，你最好平时多注意自己的形象，少交损友，整理好朋友圈或QQ 空间，很多人都热衷于从你的身边打听信息。

当然，这里有一个关键问题，你应该去表达哪种价值呢？

请放心，最重要的不是有钱，而是比有钱更重要的东西——精致

（sophisticated）。

有钱是一种绝对概念，而精致是一种相对概念。如果你想精致，选物体小的那个和花时间多的那个。

什么是物体小的那个呢？

100 元一道菜，一份很少的鲟鱼鱼子酱的开胃菜就比一大份牛排更精致；同样 10 元的水，300mL 的依云就比 2L 的可乐精致；同样 50 万元的车，奥迪 TT 就比宝马 5 系更精致。

什么是花时间多的那个呢？

更愿意花时间打扮的人显得更精致，更愿意读书、更注重自己谈吐的人显得更精致。

人们之所以偏向精致，是原始的动物精神所致。因为我们的祖先长期处在资源匮乏的状态，他们更愿意选择那些小而美的东西，如在迁徙之中，他们更愿随身携带苹果而不是西瓜。

04 安全感修复

在小镇上，剪刀手爱德华帮每一个人剪了前所未有的精致发型，对头发的改造和修复让每个人看起来都十分自信。

在与喜欢的人表达时，修复别人是十分重要的，这种修复，叫作安全感修复。

之前我们说过，补足安全感的过程，就是产生依恋系统的过程。当然，价值观破损也是需要修复的。

一句话原则，你一定要让她产生这种感觉——和你在一起后，我感觉到自己变得如此美好。

具体的方法是：

1. 找出对方最傲娇的地方并进行赞美

比如，她刚刚健身完毕，正沉浸在今天的成就中。你应该说："今天看你健完身，感觉眼前一亮，特别是穿训练服时，汗水还没干，一种特别的气质就显露出来了。"

2. 对一切可能涉及自尊的地方进行赞美

这个不用解释太多，别人的颜值、身材、出身、家庭、不自信的地方等，有可能涉及不自信的地方你最好都进行赞美，简称"自尊按摩"。

比如，女生总是觉得自己有点胖，你应该说："我觉得你一点都不胖，而且我觉得你现在这样子，真的很好看。"

3. 对她周围的事物进行赞美

这个原理和反射价值比较接近，只不过之前我们是从我身边的地方反射过去，而这个时候要从对方的身边承认其价值，让她在无形之中，找到安全感和价值观。

比如，你应该说："我觉得你那几位朋友很棒"，或者"你今天用的丝巾很洋气，刚好搭配今天的衣服"。

05 结语

《剪刀手爱德华》里有一句台词，“我爱你不是因为你是谁，而是我在你面前可以是谁”。

爱就是让你我都变得更美好。你可以安静，但是会抑制不住发笑。

有些人更喜欢所谓的顺其自然，但是我想，为什么不在爱情里用力一些？爱就是付出，就需要努力，不只是寻找某种安慰，也不是你那些自我保护。

你想想对方多不容易，经历了那么多不如意的事情，然后她不断成长，把最好的自己放在你面前。或许她有些可爱的小脾气，但和你在一起时变得那么爱笑，笑起来那么好看，难道不值得你用余生去爱她的全部吗？

请用心爱一个人，你也一定会获得别人的爱。

应对激烈的冲突，你需要记住三个步骤

01 情绪是一种自我保护机制

你最近一次和别人吵架是在多久以前呢？上周或上个月？

我们总是不可避免地和别人爆发激烈冲突，比如经常和配偶吵架、偶尔和同事争吵，也可能会和孩子产生矛盾。

冲突很可能会导致严重的后果，那么为什么我们总是喜欢用冲突的方式去解决问题呢？

这其实源自我们情绪的进化。

你可以理解为，人类现在进化出的各种情绪，其背后都是利于我们生存或繁衍的快捷方式。

就像你驾驶汽车，一踩下油门踏板，汽车就自动完成喷油、调节气门、发动机做功等一系列复杂动作。

情绪也是这样，往往一种情绪出现，就可以让你自动处理许多复杂的事情。

你在大学校园遇到那么多女生，究竟应该和谁谈恋爱呢？如果等着你用理性思考，不断去对比、分析每一个女生，最后别人早被抢走了。如果你突然对某一个女生产生爱慕，这就相当于你的大脑一键帮你做出了选择，让你占得先机。

你走在森林里，遇到一条蛇，立即产生了恐惧的情绪，这会使你转身就跑，躲避危险。

和别人发生冲突的情绪一般叫作愤怒，核心是因为别人侵占了我们的边界，我们需要以战斗的方式来保护边界。从本质上来看，它同样是一种保护我们的快捷方式。

自我保护不代表你可以解决问题，也不代表这是一种正确的沟通方式。

如何应对冲突，一定是你需要专门学习的一项技能。

02 每个人都有愤怒按钮

其实，我们每个人身上都安装了一个定时炸弹，并且有一个专属于自己的愤怒按钮。

一旦自己或别人触碰了这个按钮，平时再和蔼可亲的一个人，都会爆发出巨大的情绪，从而引发冲突。这个按钮就是我们经常说的底线。

所以，摸清楚对方的底线，就会避免冲突最核心的部分。但你会发现，为什么天天生活在一起的人，还是会经常触碰到别人的底线呢？

因为，这是个手艺活儿，就像你经常吹头发，还是没有办法达到发型师的手艺一样。

我把这个手艺称为“解除定时炸弹”，主要包括以下三个方面：

（1）排查炸弹，这里指定义冲突的原因。

（2）拉起警戒线，这里代表营造安全区域。

（3）剪红线还是蓝线，这里代表提出问题解决方案。

03 定义冲突的原因

遇到炸弹威胁时，警方会第一时间请来拆弹专家，鉴定炸弹的类型以及威力，然后才有可能进行拆弹。

所以，面对冲突时，首先鉴定冲突原因，这是非常必要的。

每一位拆弹专家都经过严格训练，他们不会因为紧张而导致动作改变，不然可能会造成严重的后果。

而你也一样，在和别人发生冲突时，首先能够想到的就是要观察自己的情绪，不要让情绪进一步爆发而使局面变得更糟糕。

听上去很简单吧，一般人就是做不到。

因为我们对于事件的真相，非常容易犯基本归因的错误。

参加聚会，如果你自己迟到了，会给自己找借口，认为是堵车等原因；如果你遇到别人迟到，你会不由自主地去想这人有拖延症吧？

美国行为学博士科里·帕特森在《关键冲突》中所介绍的理论：我们对于自己的问题判定，通常归结于客观情况；而对于别人的问题判定，则经常归结于别人的动机。

所以，你经常会发现两口子吵架时都在指责对方的动机问题，“你从来都这么懒”“你每次都是这个态度”……面对自己却总是找客观原因。

在国外，解决的办法通常是“情绪 ABC 理论”，即逆境（Adversity）—

信念（Belief）—结果（Consequence），如图 3-8。

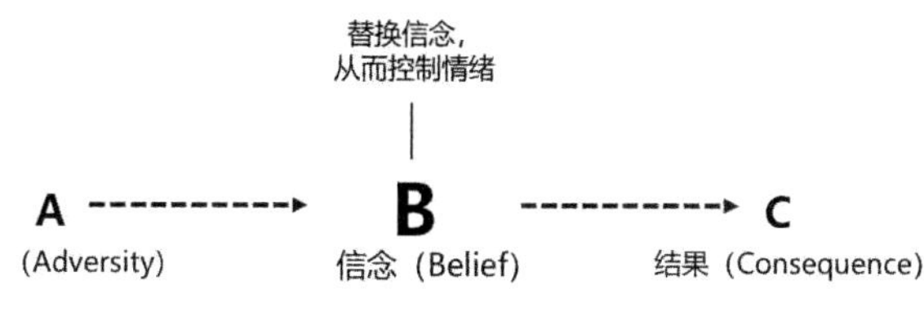

图3-8 情绪ABC模型

比如，一般吵架的情况是：

逆境 A：我们昨天争吵得很厉害；

信念 B：我认为这是他这个人不负责任的表现；

结果 C：这会导致我不再信任他。

其实，我们可以用改变信念 B 来改变结果 C。再来看看：

逆境 A：我们昨天争吵得很厉害；

信念 B：这可能是他工作中有情绪，所以带回家里；

结果 C：我想大家情绪平复后再和他沟通。

看到了吧，结果完全不一样。

我个人觉得，如果没有刻意练习，是很难做到每次都转换信念。

所以，我更推崇禅宗的正念方法，这个就简单多了。

具体操作是当一名自我的观察者：如果你发现自己的情绪无法平复时，不妨找个独处的环境，观察自己那时的情绪。不出一分钟，你的情绪就会平复下来了。

04 营造安全区域

在排查炸弹的同时，警方会拉起警戒线，引领所有人到安全区域，这里代表营造对方的安全区域。这是什么意思呢？

我们先来看一个案例：

你和女朋友发生争执，你做到了使情绪冷静下来，也做到了客观理性地去处理事情，然后你开始向她解释："其实，我认为这次吵架的原因是这样……"

你满心以为大家的关系开始缓和了，她却突然暴怒："你就知道给我讲那些破道理！"

这就是因为还没有把对方送入安全区域，因为真正的安全区域是：我完全体会到了你的感受。

请注意，这一点非常重要，如果你想缓解冲突，最重要的不是讲道理，不是逗对方笑，甚至也不是道歉，而是真切体会到了对方的感受。

一个人的感受通常是被理性的外壳包裹在心灵深处，我们之所以会吵架或者愤怒，也是因为心灵深处的感受没有得到满足。

如果你宣称能够完全体会对方的感受，这无疑是在宣告自己已经放下了理性这层外壳，等于卸下了可以伤害别人的工具，对方才会觉得你是可信任的。

我们可以在表达感受的时候，说得再丰富一些：

1. 进一步描述自己的感受

在说出"我非常理解你现在的感受"这句话以后，你可以进一步说："其实这种感受我每次都会经历，这让我非常痛苦。"然后你可以接着说，

“我甚至觉得自己非常愤怒，即使尽力控制，但还是不行。”

这就让对方理解到原来感受这个东西，确实是很难控制的，进一步使她觉得自己被理解了。

2. 探索对方的真实想法

在面对冲突结尾时，你都可以提出问句：“你确定是这么想的吗？”“我想听听你对这件事的真实看法。”“如果是你，你希望怎么解决呢？”

这会让别人感觉你是真的在意她的看法和建议，而不是咄咄逼人。

女生多半会回答：“其实我也没有那么生气，只是今天在公司里被人说了坏话，有些生气，就把火撒到你身上了。”

05 提出问题解决方案

电影里拆炸弹的惯用场景是：到底剪红线还是蓝线可以排除炸弹威胁呢？这里代表提出问题解决方案。

电影中的桥段多半是人物会经过复杂的心理斗争，结果选中了一条正确的线路。

在现实生活中，很难有人能做到拿出一套完整的解决方案，更多的是一种博弈后的协商方案，而不是原来设想的理想方案。

这是什么意思呢？

比如，你的孩子因为你不让他打游戏而大吵大闹，你使出了浑身解数，最终你们达成协议，“每周打两次，每次一小时”。

这就是你们博弈后的协商方案，而你的理想方案是孩子再也不打游戏，而孩子的理想方案是可以无限制地打游戏。

在生活中，我们经常会遇到很强势的人，如一个收入不错的丈夫，面对天天在家做家庭主妇的妻子时，他总是希望用自己的理想方案替代双方所想的协商方案，即便对方顺从了，恐怕心里也不高兴，会为下一次冲突埋下隐患。

那么，有没有什么办法可以彻底解决呢？

如果你是弱势的一方，我建议你可以尝试一下下面的方法，按照冲突发生的顺序，分为以下三个步骤：

第一次冲突时：只和对方讲述事实或自己的感受，例如："你打游戏的时间每天超过两小时，这比一个成年人还多""你昨天对我说的那些话，让我感觉非常难过"等。

注意不要去指责或提要求，让对方提解决方案。

第二次冲突时：这就必须进入探讨模式了，例如："这可是你第二次出现同样的问题了，你答应过这种事不会再发生的。"

模式表明问题具有历史性，这种历史一旦重现，问题实质便会发生变化。每个人都很难一次性解决好问题，如小孩打游戏这种事，还是要给对方时间。

冲突再次发生时：你要和对方谈论的是关系，即这样做对我们之间有什么影响。

你可以说："你打游戏这件事，已经伤害了我对你的信任，请问你有没有办法弥补？"

这时，你就可以从弱势方转换为强势方，提出自己的解决方案了。

06 结语

怎么样，这些理论有没有帮助你排除情绪上的定时炸弹呢？

王小波有一句话这样说：“人的一切痛苦，本质上都是对自己无能的愤怒。”

想想对方都是我们的所爱之人，就此放下这些弱小的自我吧。

从冲突到和解：如何与父母对话

01 与父母产生冲突的原因

你有没有遇到这种情况，只要你不听话，父母就受不了。

曾经有人调侃，童年时每个人都有一个“3+1”式的阴影，“3”是指三大铁律：乖、懂事、听话；“1”是指每个人的童年总有一个别人家的孩子。

在多数父母眼里，听不听话，基本就是判断一个孩子好坏的标准。

即使你长大成人，也许还难逃这样的命运。

有一个朋友的女儿，找了个男朋友，因为女儿一直是乖乖女的形象，一直不敢跟家里人说。

恋爱了半年，她终于鼓起勇气跟母亲说了。结果母亲勃然大怒，劝告女孩必须结束这场恋爱。

细聊后才发现背后的原因，因为女孩之前向母亲承诺，恋爱之前就把男生的情况告知父母，这种过了半年再告知的行为，是绝对不被允许的。

实际上，许多父母在面对孩子的时候，都有着一种无所不在的控制感，一旦孩子反抗，父母就会用更大的情绪去寻求控制，形成了一个走不出来的循环。

其中的原因，可能会让你啼笑皆非。

因为，很多父母，其实根本就不是父母，这是心理学大师艾瑞克·伯恩提出的自我状态理论（ego-state theory）。

核心是很多不听话孩子的父母，更多是因为自己还没有成长起来。

自我状态理论主要包括三种状态，这三种状态几乎会伴随每个人的一生，如图 3-9 和图 3-10：

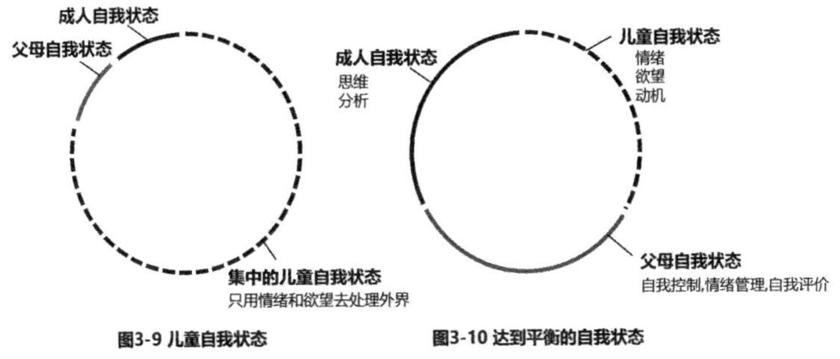

图3-9 儿童自我状态　图3-10 达到平衡的自我状态

（1）儿童自我状态（child ego state，简称 CES）。主要指人格中包含情绪和欲望动机部分。

比如，儿童想买一个新玩具，父母不给买，孩子就大吵大闹，这就是用自己的情绪去实现自己的欲望；很多父母也同样如此，孩子不听话，自己也大吵大闹。

（2）父母自我状态（parent ego state，简称 PES）。主要包括自我控制、情绪管理、自我评价等部分。

有一句话，管理别人的核心，其实是控制自己。通常在孩子小时候，父母都能做到克制；随着对孩子的耐心逐渐消失，自我控制力越来越弱，从而变得更爱操控别人以获得控制感。

（3）成人自我状态（adult ego state，简称 AES）。主要包含个体的思维和分析等理性部分。遗憾的是，多数成年人的 AES 都很薄弱。

简单来说，如果父母的理性机制和自我控制都不完善，在面对孩子的反抗时，只能用情绪和欲望动机（儿童自我）来和孩子吵闹。

这时候他们也是小孩，孩子哪里倔得过他们。

从小到大我们也习惯了孩子的角色，所以也普遍采取儿童自我状态的方式去和他们交流。

这就像两个小孩在幼儿园里争吵一件事情，永远很难将问题解决。

那么两个小孩的争吵，到最后是怎么解决的呢？往往是因为幼儿园老师从中调和。

你和父母之间也需要一个幼儿园老师，这个老师不是别人，正是你自己。即你自己把儿童自我状态切换成成人自我状态，用分析和智慧的成人自我去对付父母这两个小孩。

在具体冲突中，最常见的是三种：让你做不喜欢做的事、让你选个老实稳定的生活方式、你是孩子，所以一辈子都要听我的。

我借用“大海航行时代的轮船”来分析解决这三个问题：

（1）航船上的罗盘，转动价值观罗盘。

（2）标准的船舱机器，解决标准偏误心理。

（3）让老船长退役，做到权力稀释。

02 转动价值观罗盘

父母让你去做不喜欢的事，主要是价值观不同导致的。比如，你更想背个包去行走世界，父母则更希望你去考公务员。

价值观究竟是什么东西呢？

其实，价值观很像航船上的罗盘，经常随风浪摆动，却为我们的人生指明方向。

心理学家舒博提炼出每个人基本上有 12 ~ 15 种价值观，如图 3-11，我们称之为价值观罗盘。

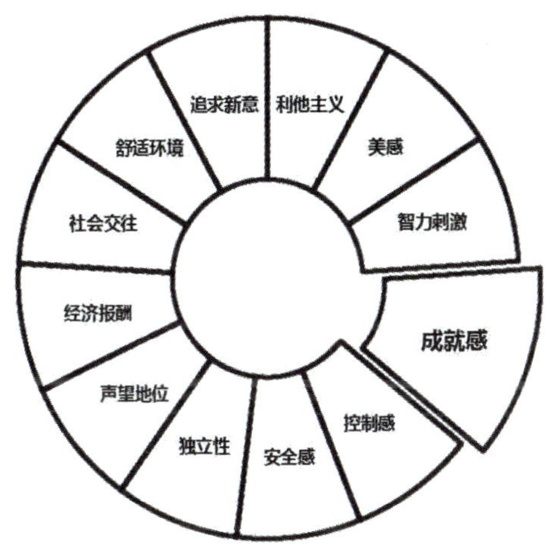

图3-11 价值观罗盘

在不同的人生阶段，你关注的部分也不一样，有些部分凸显，有些部分隐形。比如，刚开始工作的时候，你可能更注重追求新意，但工作几年后要买房了，对你来说经济报酬是最重要的。

所以，价值观上的冲突通常不是直接的矛盾，而是一种由不同人生阶段产生的时间距离导致的：

（1）绝对时间距离。

比如，你追星，喜欢宋仲基，而父母却表示无法欣赏。其实父母当年也追星，如山口百惠。山口百惠和宋仲基的年代差别，就是父母和你对于美感这种价值观的绝对时间距离。

在和父母谈论明星的时候，你不用去强调自己喜欢的明星有多好，而应该穿越到过去，和父母聊聊山口百惠。想想看，你和一个小朋友聊天，是不是聊他喜欢的事情，他就不会和你争吵了呢？

（2）相对时间距离。

比如，你 27 岁了，父母希望你赶紧结婚，而你希望再寻求一些工作上的自我突破，想到 30 岁再结婚。这相当于父母把你的价值观提前了 3 年，这 3 年就是相对时间距离。

面对这种问题，你不用去强调你的价值观部分（工作），而应该穿越到未来，去和父母探讨他们注意的那一部分（结婚）。

你可以主动问问他们对于你结婚的理解、对你的另一半的看法，以及有没有具体的计划等，要注意随时保持认同。

聊到最后再把你的价值观抛出来，这时候和父母沟通起来就很容易了。

这相当于，如果你想从一个孩子手里得到一块糖，最好的办法就是用巧克力去交换。

03 解决标准偏误心理

很多时候父母认为你不听话，是因为他们更想让你选择稳定的、更老实的、没有风险的生活方式。

他们总以为生活存在一个标准路线，但凡偏离就是错误。在心理学中，这种心态叫标准偏误（normative bias）。

就像船舱里面的机器日复一日地追求一种永不出错的稳定。

标准偏误心理的出现，主要是因为人在没有安全感的环境中，会采取一种被动的自我保护机制。

就像你独自去国外旅行时，会选很多人都选择的标准攻略；买不熟悉的东西时，会看评价最好的那个；对未来感到迷茫时，你就会选择周围人常走的那条路。

所以，你千万不能怪父母跟不上时代。你要知道，他们在年轻的时候，也是意气风发，也在尝试改变，只是现在有些乏力了。面对社会的剧变，他们会选择一种更让自己心安的方式。

你最应该做的，是帮助父母找回安全感，找回他们能够控制的那一部分。

这里有一个关键——你要学会重新做他们的孩子。

你要表现出依然很依赖母亲做的菜，依然很欣赏父亲对于时事、政治的精彩点评；在外出吃饭时，适当地让父亲埋单；依然接受父母的叮嘱，而不是用你那些咄咄逼人的专业知识去命令父母注意身体。

总而言之，不要让父母觉得自己正在老去，让他们找回控制感。

同时也要学会分清楚，对于父母来说什么是可控的和不可控的。那些父母力所能及的东西，你就尽量示弱，让父母来照顾你，帮你做决定。

如果父母在不可控范围内，比如想对你的创业项目进行把控，就不要把问题抛给他们，否则会让他们担心。

04 权力稀释

船在海上航行，到底由谁来掌控呢？

表面上看掌舵的是水手，实际上却是船长，因为船长拥有可以调配别人的权力。

权力的核心是拥有某种稀缺资源。父母在孩子小的时候拥有经济基础、社会人脉等资源，你甚至会担心他们不爱你，所以他们拥有权力。

当你长大之后，父母的许多资源对你来说就不算稀缺了，他们就像已经退役的老船长。但是，他们已经习惯了掌舵的模式，如果这个时候他们再要求“你是孩子，一辈子都要听我的”，就会让你非常痛苦。

所以你反抗，父母就会感觉权力弱化，同时他们的内心更虚弱，进而更迫切地想掌控你。

父母这种看似无所不能的控制感，其实是一种病态心理的死循环，你应该帮他们走出来，做到权力稀释。

霸权的反义词不是没有权力，而是共情（empathy）。就好比一个十分无理而霸道的小孩，与他形成对比的，是一个非常有爱心、有同理心的小孩。

你要让父母逐渐成为后者。

这听上去很难，但是你想，一个无理霸道的小孩，通常可能是因为童年遭遇了某种不幸；有爱心的小孩，通常都是因为家庭和睦，父母很爱他。

而你的父母多半也是这样，可能因为你常年反抗他，或者他们之间也有矛盾，才让他们在某一天变成现在这样。

你唯一能做的，就是爱他们，是真正的爱，不求回报的爱。即使他们暂时还是对你气势汹汹，显得强势无理，你只需要微微一笑，要像对待那些霸道的小孩那样去看待他们，去包容和心疼他们。

权力让彼此变得非常坚硬，你也需要用共情的方式去面对他们，可以尝试写一封信，软化彼此的心。你也可以在他们的生日时拍个视频，带他们看看温情的电影，或者带他们看看清晨和日落，体会世间的美好。

这个世界所有的爱都是欢聚，唯有和父母的爱最终是离别。所以，爱就行了。

05 结语

很多时候，父母最大的伤感，莫过于看我们在家里的生活迹象一点点消失，洗漱台上不再摆着我们的牙刷，阳台上不再晾我们的衣服。我们一年才回去几次，听见有人在身后喊爸爸、妈妈时，猛然回头却是茫然。

我们一次次的成长和离别，让他们放心不下。

父母总是以为我们不会长大，他们错了；我们总是以为父母不会变老，我们也错了。

想想你三四岁的时候，可能因为摔了一跤而哇哇大哭，你感觉很没有安全感，甚至会责怪你的父母。但父母才不会和你计较，首先会安慰你的情绪，然后耐心地给你讲一个小故事，或者给你爱的拥抱。

现在他们慢慢老去，因为时代发展太快而显得安全感不足。

希望你用强大之心去包容他们，用他们对待你那样的耐心去面对他们，好不好？

第四章

突破职场：痛点思维解决工作难题

你究竟该选什么样的工作

01 生存策略

想想你刚开始工作时，是什么样的状态呢？

你有没有感觉，很像突然被人扔进了一大片森林中，像电影《饥饿游戏》中的场景：

刚开始森林里只有一些零星的路牌让你不知所措，到底是选择父母眼中稳定的工作呢，还是选自己喜欢的工作？

你在森林中每天面临饥饿和竞争，甚至是残忍杀戮。比如突然换一个让人非常讨厌的领导，你原本适应了环境，又突然无所适从。

而且，你很可能工作了几年，却越来越找不到自己的方向。

不好意思，没有一个退出的按钮，你只能接受这一切。

人生，为什么总是这么迷茫呢？

如果站在纯粹理性的角度，最核心的原因是，你的生存策略（survival strategy）出现了混乱。

请注意，这并不是一个高大上的人生清单，而是动物都具备的基本策略。

狼的生存策略就是群体作战，围捕猎物；狗的生存策略就是依附人类；海龟的生存策略是在海里捕食、到沙滩上产卵。

你的生存策略是什么呢？主要有以下两大类：

一个叫 K 策略，另一个叫 R 策略。

K 策略和 R 策略是在 1967 年，由生物学家 R·H·麦克阿瑟和 E·O·威尔逊首次提出的一个进化学概念：

K 策略的原意是指，大象、狮子、鲸、人类等一胎只生一两个，每一个都是高质量且长寿命的物种的生存策略。

R 策略物种就包括多数的鱼、鸟类、蚂蚁、蚊子一次繁殖很多个，存活率很低、寿命也很短，但是靠数量取胜的物种。

02 K 策略和 R 策略

在人类社会中，K 策略和 R 策略也无处不在。

苹果的产品策略就是采取 K 策略，每年发布一款 iPhone 就足以统治全球；而小米或其他国内手机厂商就是 R 策略，他们通常每年都会发布很多款手机。

有些人的写作产量不高，但是每篇品质都很高，这也是 K 策略；而有些人每天写很多东西，筛选后其中只有 10% 才是可能有价值的作品，这就是 R 策略。

从表面上看，K 策略追求单个质量，R 策略靠数量取胜。

所以，面对职业选择，绝大多数人都是采用K策略。谁不想一次性就找一个最好的公司（或机构），舒舒服服地过一辈子呢?

最近，我把阿瑟·克拉克的科幻小说《遥远地球之歌》重新看了一遍，有了新的启示。

这个启示主要来自书中的一个假设：

如果人类知道了在不久后地球将毁于一旦（书中指太阳成为超新星），我们该何去何从。

按照思维惯性，我们只能制造很大的飞船，让人类进行星际移民。

但这几乎不可能，主要是因为，运载人类太麻烦了：

（1）人体体积较大，且需要不断补给水、食物、空气等众多能源，这就注定飞船的体积会巨大。依照地球的现有能源，恐怕只能送两万人，如果送出去的人不够多，很难保证种群能活下来。

（2）飞船体积过大，也会导致其飞行速度过慢。这样根本到不了遥远的类地行星。

（3）人类适应能力糟糕，即使千辛万苦到达某个行星，也有可能因无法适应，而导致种群灭绝。

作者克拉克在书中提出一个惊为天人的设想，我们应该放弃人类移民（K策略），而应该借鉴鱼的繁殖策略（R策略），直接把几千亿颗人类胚胎播种到宇宙中去。

这样问题就全部解决了：

因为放置胚胎的船可以造得很小，而且不用考虑人类乘载时的重力加速等问题，可以让它飞得很快。

如果胚胎不适应当地星球怎么办呢？这无所谓，因为我们可以把胚胎送到成千上万个星球上，总有那么几个星球可以适应这些胚胎的生长。

最终，人类做到了。他们在有限的十多个星球上存活了下来。

是不是觉得，当你迷茫时，也有地球末日的感觉，对未来完全不知所措呢?

也许你可以尝试用 K 策略和 R 策略来想想自己的职业选择，或许就会有新的启示。

我用《遥远地球之歌》中的场景来供你参考，我把它称为“地球末日计划”：

（1）有限的地球矿产，这象征你父母以及你的社会资源，资源决定了你选择 K 策略或 R 策略。

（2）寻找类地行星，这个过程是非常困难的，这是一个专业的过程。这是第二个启示，寻找生态结构。

（3）萨拉萨行星上的蛙人，萨拉萨行星，这里象征你对自我的不断挖掘，我认为是择业最关键的一步，即自我进化。

03 资源决定了你的策略

之前我们提到，地球资源的多少，决定了我们最终能够造多大的飞船，从而决定我们是 K 策略还是 R 策略。可惜地球资源非常有限，能够送两万人做星际移民就是极限了，所以只能用 R 策略。

在自然界，为什么有些动物物会选择 R 策略，而有些动物会选择 K 策略呢？主要有以下两个显著特征：

（1）能够基本稳定地获得食物来源。

（2）自己或种群几乎不受威胁。如狮子或大象，因为有这两个基本保障，它们才有精心训练自己或下一代的能力，所以才会在长期进化中形成 K 策略。

04 生态结构

即使在人类启动了宇宙胚胎计划后，寻找可以发送胚胎的类地行星，也是非常困难的。

R 策略并不是指像无头苍蝇那样乱撞，而是带着一种使命去不断试错。这种使命就是，探索你所处的生态结构。

什么是生态结构呢？主要包括以下几个特性：

（1）你是一名县城初中教师，每周讲 35 堂课，每个月可以拿固定的 3000 元薪水。

你和当地学生、学校，形成了一定的稳定结构，这就是生态结构中的基本特性——供需平衡。有了供需平衡，你才有稳定的收入。

（2）稳定的另一个前提是教育制度，比如，国家需要搞九年义务教育，不然很多人就不会上学。

这是另一个基本特性——结构稳定。人是非常没有安全感的动物，所以，我们总是希望挤进更加稳定的环境中（如体制内）生存。

多数父母在帮我们考虑工作时，基本就看这两点，合起来就是内部平衡、外部稳定。

在社会快速变化的今天，有这两点是完全不够的，我们接着往下看：

（3）因为房价在涨、物价在涨，所以你必须考虑工资能不能涨。因此你很努力，终于升级了一个职称，工资从 3000 元提升到 4000 元。

这是第三点——线性增长，如图 4-1：

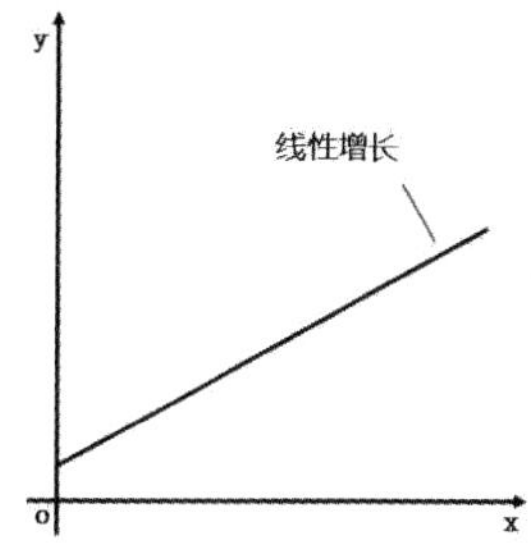

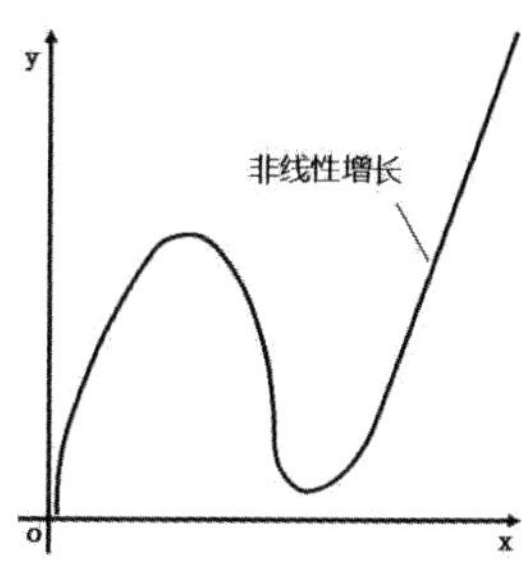

图4-1 增长曲线

（4）你发现在同一办公室的数学老师王老师，最近开始利用下班时间，用语音笔录制自己的课程，然后放到网上，突然就火了，一年就赚了你十年才能赚到的钱。

这是第四点——结构组合。传统教学＋视频录制＋零边际成本的传播，他的维度比你多，用更少的努力，却收获了更多。

第三点和第四点两个层面是升维，工资上涨是从点到线，互联网教学是两个维度叠加。这都预示着职业会越来越复杂。

（5）然后，王老师下海去了深圳，找到了某个互联网教育平台。随着公司的发展，逐渐达到年薪百万元。最可恶的是，当初去深圳，东拼西凑买的房子，现在也价值千万元了。

这是第五点——生态裂变。

所以，要想获得更大的成功，必须依附更大的经济体。

（6）埃隆·马斯克的 Neutalink 公司研发的脑机连接技术趋于成熟，

可以让每个人都做到信息与大脑及时传输。世界再也不需要教育这种东西了。然后你彻底失业，沦为 AI 技术下的无用之人。

这是最终的局面——生态颠覆。

一个人要想从工作中实现崛起，光努力是根本不够的，核心在于你是否能够依附正在快速崛起的生态结构。

当然，越往后面风险越高，但是不断认清自己的生态结构，这正是 R 策略的最大作用。

05 自我进化

自从人类把胚胎播种到宇宙各星球后，有一个叫作萨拉萨的行星，成功哺育出了人类胚胎。

《遥远地球之歌》主要围绕萨拉萨行星来展开故事，行星上基本都是水，只有南北两个小岛。所以，这里的人类很多时候都在水里生活，许多人进化成了手掌和脚掌很大、四肢很长、眼睛很大，就像蛙人的样子。

这象征着择业的最关键一步，看看是否有自我进化的可能性。

放在工作中，自我进化的能力，很像我们所说的学习力，但不完全正确。

学习力仅仅是知识和认知层面的，而自我进化是一种完全可以在不同的生态结构中快速进化的能力。

恐龙的进化能力显然就非常缓慢，它们认为自己已经成了世界的主宰。然而小行星撞击后，地球资源大面积消失，恐龙就灭亡了。

类似的公司就是诺基亚，它把自己搞成了巨兽，却失去了进化的能力。

但老鼠却有超强的进化能力，虽然它的个体很小，但是极其适应环境，在不同的环境下基因突变的能力也超级强。

你应该进化哪些部分呢？主要包括以下五个方面，如图 4-2：

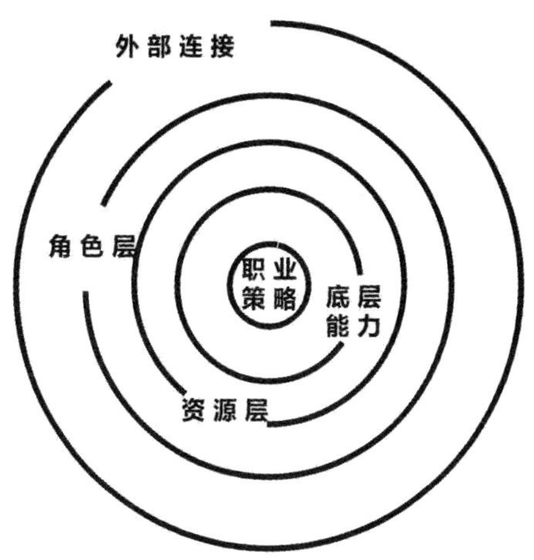

图4-2 职业的五种层次

1. 外部连接

有些人天生外向，善于和他人建立连接；有些人天生内向，善于和事物建立连接。

比如，你想成为一名自媒体作者，就应该考虑增强你对信息资料、市场反馈、相关人脉之间的连接。

2. 角色层

参与社会活动，你就必须扮演属于你的社会角色。

比如，你是公司的一名策划，就应该非常清楚你与客户、与同事之间的角色应该怎么扮演。

3. 资源层

包括人脉、资金、认知、职业基因等一切资源。

4. 底层能力

包括营销、产品、管理、表达等一切在任何工作都适用的能力。

比如，马化腾的底层能力是产品能力，而马云的底层能力是营销能力。你也需要锤炼出属于自己的底层能力。

5. 职业策略

在你所能看到的生态结构中找到自己的位置。

这里练就的是一双火眼金睛，能够准确看懂当下和未来的趋势，并找到属于你自己的伟大之路。

当然，这是一个不断试错的过程，只有通过不同的维度才能锤炼出自己各个层级的能力。

这不代表你需要频繁跳槽。如果你原本就在一个很好的企业里，你可以选择切换不同视角去看待自己相同的工作；也可以通过内部交叉培训去达到自我进化的效果。

06 结语

K 策略和 R 策略带给我们的启发：

（1）食物链上端的物种才适合 K 策略。

（2）无论是工作和创业，依附一个正在崛起的生态结构比什么都重要，这是考验我们强大的识别力。

（3）R 策略提供的是进化优势，面对这个复杂多变的世界，我们理应开启终生进化之路。

人类，进化至此，最可敬也是最可怕之处就在于此。能够压制本能，饿可以不吃、困可以不眠、爱可以不表露、痛可以不声张。因此，人能站在万物之巅，理所当然。

工作，即修行。

如何爱上自己的工作

01 你喜欢现在的工作吗

你喜欢现在的工作吗？

如果你回答“是，我喜欢现在的工作”，那恭喜你，你非常幸运，已经找到了自己喜欢的工作。

如果你回答“不，我不喜欢现在的工作”，那也恭喜你，你很清楚自己的喜好。不喜欢现在，才有可能选择更好的未来。

盖洛普（Gallup）曾是全球第一大调查咨询公司，从20世纪90年代开始，他们持续20多年访问了189个国家的2500万名员工，调查雇佣关系。调查结果是，只有13%的员工（A状态）享受并积极工作，而24%的人（C状态）则厌恶自己的工作。

最可怕的是中间这63%的部分，他们（B状态）兢兢业业但也浑浑噩噩。他们没有什么规划，别人说什么他们就做什么，很少主动改变自己。

在英文世界里，有个专门的词叫雇员思维（group-think），就是指B

状态。多数人一开始工作时都很鄙视这种思维，最终又变成如此。

在《疯狂的天才》一书中，有一个与此相对应的概念，叫企业家思维（entrepreneur）。拥有企业家思维的人并不一定是企业家，但他们做事却像企业家那样主动。他们不管挣多少钱，都非常享受工作，能够主动发现并解决问题。即便他们是麦当劳餐厅里的清洁工，也会想方设法地把餐厅的玻璃打扫得干干净净。

这类人大致占 11%，这和盖洛普公司调查出来的 A 状态的员工如出一辙。

但不管是 11%，还是 13%，为什么这个世界上只有少数人能做到充满热情地去工作呢?

讲个故事你就明白了：

马克・吐温有部长篇小说《汤姆・索亚历险记》，大致讲在美国密西西比河畔的小镇上，主人公汤姆敢于探索的传奇经历。

有一天，姨妈让汤姆负责刷家里的栅栏，也就是美国西部每一家庄园外面的栅栏。

汤姆正在垂头丧气地刷栅栏时，看到一些小伙伴过来。他灵机一动，假装刷栅栏是一种巨大的快乐，并告诉小伙伴们，他好不容易才从姨妈那里争取到这个机会。

这时小伙伴非常羡慕，也想帮助汤姆刷栅栏，但被汤姆拒绝了。这使小伙伴的需求就更加强烈了。

最后，小伙伴们拿自己的心爱玩具、巧克力和各种水果与汤姆交换。汤姆坐在大树底下，吃着水果、玩着玩具，看着小伙伴排着队帮他刷栅栏。

汤姆就是主动设计了一个场景（scenario），这让刷栅栏这种原本给钱别人都不做的事，现在别人却求着他要做。

你想想在工作中是不是也存在大量这样的情况。比如，员工从你那里拿着高薪却懒懒散散；但他们下班后，在没有任何收益的情况下，却帮着维基百科写着词条。

事实并非员工天生懒惰，而是在不同的场景下，每个人可以有完全不同的状态。

02 给自己设计一个好的工作场景

为什么多数的工作，总是在一种枯燥无聊的场景中进行呢?

这是历史原因。这种场景的设计者正是经济学鼻祖亚当·斯密。

首先，他在《国富论》里，把人性假设为懒惰和贪图安逸的。所以他认为，员工必须在严格的流程中受到约束。

同时，他认为分工协作才是提高效率的唯一方式，这进一步使工作变得非常乏味。

他举了个例子，大头针的制造，需要将铁线拉丝、切断、削尖针头、包装等十几道工序。如果只有一个工人，每天很难生产出 20 枚大头针；如果让每个人负责其中一个流程，十多个工人一天可以生产 48 000 枚大头针。

这种对于工作场景的概念设想，在 18 世纪可是非常时髦的，很快就被各个资本家采纳。

200 多年过去了，这种场景深入到世界各地的每家企业。由于技术革新，比如亨利·福特创造出了汽车流水线生产，更是把这种工作方式推向顶峰，形成了巨大的社会惯性。

想想自己的工作是不是这样呢？简单、枯燥、重复，没有什么挑战，有本英文书籍叫《员工离职》（*Staff Dimission*），里面分享了员工离职最大的原因都是因为工作无聊，而非无法胜任工作。

美国知名导演沃伦·比蒂有句名言：“如果你分不清自己在做的事到底是工作还是玩儿，那么你就在你的领域成功了。”

反正都要工作，为什么不给自己设计一种好的场景，让自己工作得既愉快又效率高呢？

我一直以来都很想把自己的工作变得更有趣一些，玩了很多东西以后，发现有三个方面是非常重要的。我还是用汤姆让小伙伴刷栅栏这一段场景来形象化以下这三个方面：

（1）汤姆兴高采烈地刷栅栏，汤姆见到小伙伴时，刻意表现得兴高采烈，这是设计工作场景中的核心要素——营造情绪。

（2）排着队也要等着刷栅栏，等着刷栅栏的小伙伴越来越多，他们不仅需要交出玩具，还要排很久的队。刷栅栏这件事，俨然成了一种刚性需求。

（3）用玩具交换，场景搭配巧妙，往往是双赢局面。这是场景设计的第三个要素——相对价值交换。

03 营造情绪

场景（scenario）一词最早来自戏剧，就是指在一定的时空内，通过人与物的互动，能够触发别人的情绪，如此才能称为场景。做互联网产品的朋友对这个概念肯定不陌生。

为什么一定要触发别人的情绪呢?

比如，多肉植物其实是一种非常普通的、廉价的景天科植物，它摆在任何植物铺子里，原本都构不成什么场景。但多肉植物本身毛茸茸的形象却触发了许多白领“呆”“萌”这种情绪特质，就突然受到了成倍的青睐。

如果你请女朋友在希尔顿饭店西餐厅吃顿饭，会花 1000 元以上，而在路边撸串可能只要 80 元。如果深究，你会发现食物成本其实相差不大。

差别在于希尔顿饭店门口的 LOGO、极尽奢侈的酒店大堂、西餐厅精致的刀叉或是晚餐桌上的蜡烛，这些与你平时生活中相差甚远的体验，烘托出了一整晚的特别的体验。你花的 1000 元，是值得的。

喜怒哀乐悲恐惊、怨恨恼怒忧思惧。你在工作中，经常处于什么情绪呢?

通常来说，公司更喜欢营造两种情绪，一种是恐惧，一种是喜悦。

传统公司更喜欢营造恐惧，这是因为它们并不需要你有什么创造力，而且工作枯燥重复，人性自然就会懒惰。用营造的恐惧情绪来驱使工作，确实是一个高效的选择。

领导时不时跑到你的身后看看你的电脑屏幕，经常打击你的自信心，有事没事让你周六跑到公司加班，可能还会找些理由扣除你应有的薪水。

心理学家表示，多数的负面情绪都是因为一个人的边界被侵犯了，首先你就会感到焦虑；想反击但感觉自己打不过，就会感到恐惧；感觉自己打得过，那就是愤怒。

创意公司更喜欢营造喜悦，许多互联网公司因为需要发挥人的创造力，就必须激发员工的正面情绪。

他们的办法是不断让员工的存在感得到满足，这样他们就会产生喜悦。

比如，谷歌公司让员工自己打造工位，你会看到有名员工把沙滩都搬进了办公室；而腾讯公司也非常注重员工体验，那些令人眩晕的福利就不说了，他们每个月有各种有意思的奖项，比如季度最萌奖、最佳创意奖，他们有太多方式让员工找到存在感。

04 刚性需求

刷栅栏这件事，俨然成了一种刚性需求。

在实际工作中，这个效应也非常明显，只有刚性需求的工作，才能让你全力以赴。

在这里，我重复一遍，只有刚性需求的工作，才能让你全力以赴。这意味着大多数人说没有办法好好工作，其实意思是工作对他们来说根本就不是刚需。

你可能觉得奇怪，为什么他们的工作不是刚需呢？他们为了生存，日夜劳苦，那工作对他们来说肯定是刚需啊。实际不是。

根据曼昆的《经济学原理》，对于刚性需求的定义至少包括以下两个特点：

（1）在供求关系中受价格的影响较小。

（2）不可替代性。

大多数的工作都不是刚性需求，而是弹性需求。价格（工资）的涨跌直接决定了工作的状态，甚至是留下或跳槽。而且，市场上也有大量可替代性的工作可供选择。

你是平面设计师，那么你几乎在每一个行业都可以选择工作。你可以很大胆地和老板谈工资，再决定去留问题。

如果换一种情况，你经过无数面试、复试，终于进入了位于美国加州库比蒂诺的苹果公司总部。你本身就是乔布斯的狂热粉丝，你的工作完全是为了朝圣或感受世界第一企业的文化氛围。没有任何一家公司可以替代这里，这里对于你来说绝对是刚性的需求。你多半会在那里，把自己的潜能发挥到极致。

当然你可能说，不是谁都能进入到梦想的企业。但实际环境是其中的一部分，你完全可以在一个普通的岗位上创造出自己的刚性需求。

酒店服务生，就是一个十分普通的岗位，工作也十分流程化。行业现象是，一个服务生很可能因为每个月多几百元的薪水而跳槽到另一家酒店。

如果一位服务生把工作视为练习英语的机会，那就不一样了。如果在一家五星级酒店，他每天可以接触很多外国人，而且是世界各地不同的外国人。

很多年前，我认识的一个朋友就是这样，他非常痴迷于和不同国家的人聊不同国家的文化，而且能根据长相和姿态大致判断出别人属于哪个国家。一份本来枯燥乏味的工作却被他干得风生水起，这里的工作环境对于他来说，也是刚需了。

你会发现，所有的刚需都是建立在超越雇佣关系这个维度上。也就是超越了钱本身。

每个人都说自己工作就是为了挣钱，但其实你并不会这么想。如果一份工作纯粹是为了挣钱，你就会感觉非常无聊的。

05 相对价值交换

原本刷栅栏这种事，是毫无价值的，汤姆即使花钱雇其他小朋友来刷，小朋友也不愿意。

所以，场景搭配巧妙，往往是双赢局面。这是场景设计的第三个要素——场景交换。

什么意思呢？比如，你手里有一个苹果，是早上出门时妻子硬塞给你的，并叮嘱你一定要吃掉。而你并不想吃，但拿在手里觉得扔了又可惜。在这个场景下，苹果对于你来说就是累赘。

我们假设后来你还是把苹果扔了，结果它穿越了时空，砸到了一个在沙漠里走了三天三夜、饥渴交迫的人头上。在沙漠的场景下，苹果的价值就无限大了。

网络上流行一个别针换别墅的真实故事，就是场景价值交换的力量。

从 2005 年 7 月起，26 岁的美国外卖员凯尔·麦克唐纳利用互联网，用一枚红色曲别针开始与人交换，最终没花一分钱，换回了一套漂亮的双层别墅。

当时，麦克唐纳有一枚特大号的红色曲别针，是一件难得的艺术品。两名妇女用一支鱼形钢笔换走了曲别针。他用钢笔换到了一个绘有笑脸的陶瓷门把手，陶瓷门把手又变成了烤炉。一个月后，美国加州的一名军官要了这个烤炉，并给了麦克唐纳一个发电机。他用这个发电机换了一个具有多年历史的百威啤酒桶。加拿大的一名电台播音员相中了这个古典酒桶，用一辆旧的雪地汽车交换了酒桶。

几经交换，雪地车变成了敞篷车。麦克唐纳随即转手给一位音乐家，得到了工作室录制唱片的一份合同。2017 年 7 月，麦克唐纳把这个机会给了一名落魄的歌手，歌手感激涕零，给了他一栋双层别墅的一年居住权！

在不同的场景下，我们所能提供的价值和需求完全不一样。比如，我们在公司的电脑桌前，每天伏案 8 个小时，看上去平淡无奇的场景，却总是暗流涌动。

除了挣钱，难道每个人都不渴望受人尊重吗？每个人都不渴望发挥潜能吗？每个人都不希望变得独一无二吗？每个人都不希望对自己有所掌控吗？

但是，我们以为自己是工具，以为自己所产生的价值就只有零星半点，以为自己在工作中再无所求。

《禅与摩托车维修艺术》里面有一句话："想要画出完美的作品吗？先让自己变得完美，然后随心去画。"

06 结语

场景带给我们的启发：

（1）营造情绪是场景的核心要素。

（2）一个最好的工作场景是因为刚需。

（3）我们不要忽略那些生而为人自带的丰富的价值和需求，让场景交换起来才会有更大的价值。

亚当·斯密在《国富论》中假设人性是懒惰的，必须用流水线的工作才能加以约束。其实他还有另一本传世巨作《道德情操论》，对人性的研究复杂多了。

其中，对于道德是如何产生的，他这样推导：人要追求自利→自利需要获得爱和关注→爱和关注需要你去爱别人→最好形成智慧和美德。

亚当·斯密没有和我直接谈关爱别人、热爱工作这种“鸡汤”，他直接用科学的推理得出结论：

我们，是需要丰富的人性的，是需要好的品质的。

我们，用更好的方式，才能成为更好的自己。

如何发掘工作中的天赋

01 你的天赋是什么

工作了几年，你有没有感觉自己在哪些方面挺有天赋的呢？

美国教育专家肯·罗宾逊在《发现你的天赋》这本书里提出了八个分类，你可以仔细看看其中有没有属于你的天赋，如图 4-3：

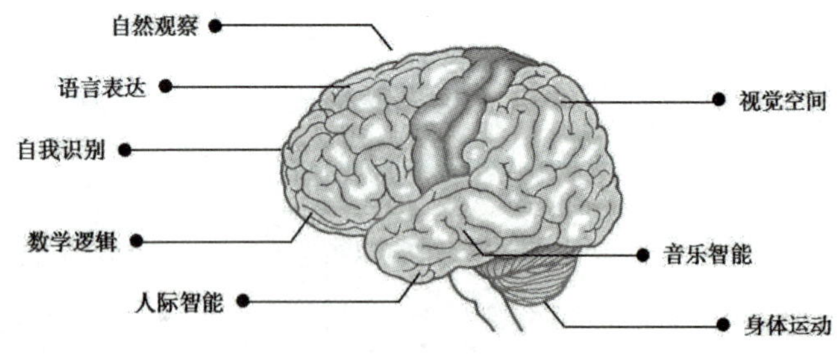

图4-3 人的八大天赋

（1）语言表达（linguistic），能够有效地用语言文字表达自己，阅读、写作和沟通能力天生很强。

（2）数学逻辑（logical-mathematical），对于数学和逻辑推理比较敏感，善于用数据或数字工具来理解事物。

（3）视觉空间（spatial），可以准确地识别出视觉空间的结构，并可以用具体事物表现出来，比如绘画和设计。

（4）音乐智能（musical），音乐表达和理解能力超强。

（5）人际智能（interpersonal），能够很敏锐地察觉别人的情绪，善于和别人合作，能够胜任领导的角色。

（6）自我识别（interpersonal），也叫自省智能，自我反省能力和自我分析能力很强。

（7）自然观察（naturalist），善于观察外部环境，对自然界保持兴趣，并且能够从中发现规律，比如达尔文或者爱因斯坦。

（8）身体运动（bodily-kinesthetic），善于运动，或用肢体动作来表达自我，如运动员、舞蹈家或演讲家。

如果你强烈地感觉到自己在某些方面有天赋，那么我建议你，最好全力以赴地去做这件事，因为你的人生将从此迎来简单模式。

之前看到过一篇很励志的标题："真正从底层逆袭的人，哪一个不是脱层皮、掉身肉的？"

我也想在后面加一句，"除非，你一直在做自己有天赋的那件事"。

02 每个人都是独一无二的

你可能会认为，自己哪有什么天赋，只是一个普通人，唯有努力罢了。“认为自己是普通人”， 我认为这是人在职场中最丧的一句话，没有之一。

因为真实的情况是，每个人都是独一无二的，人与人之间在个体性状、思考维度、心理特质或认知模式等方面都有很大的差异，这个差异比我们想象的要大得多。

1998 年，女科学家克伦·阿道夫为了研究孩子到底是如何学会走路的，她找到 28 名孩子，全程观察他们的成长过程。结果，通过这 28 名孩子，她竟然总结出了 25 种从爬行到走路的成长模式。这意味着即便是学会走路这样的小事，每个人的学习过程也是完全不同的。

1987 年，科学家开启了人类基因组计划，发现人类大致有 2 万个基因。而一个基因上同时又有好几千个碱基对，只要有一个碱基对不同，就会导致不同的人身上的功能完全不一样。比如，有一个基因名为 FOXP2，人类和猩猩都有这个基因。但是其中有两个碱基对不同，这点微小的差异决定了人能说话而猩猩不能。

不仅是身体上的差异，两者在思维上的差异也很巨大。根据巴西神经学家苏扎娜·霍泽尔的研究，大脑中的神经元有 860 亿个之多，这其中还涉及不同的组合和活动，决定了每个人的思维、知识和技能完全不同。

社会上的大多领域都是符合正态分布的，而所谓天赋，其实就是指超过标准差范围。

根据韦氏智商测验标准，我们的智商水平平均为 100，一个标准差范围是 85~115。如果你的智商是 140，那你就是超过了标准差，这就可以被看作有天赋。

人都那么独一无二，你肯定有很多方面都是超过标准差范围的，所以怎能说自己没有天赋呢？

03 激活潜意识

你之所以会感觉自己和别人差不多，只是因为社会衡量每个人的尺度都太过简单。

比如，你可能在绘画上很有天赋，但问题是你的小学绘画老师，对绘画根本就没有评价标准。说不定你的画很特别，他反而觉得你是在乱画。

而且社会对你的评价，往往只有考试、收入等几个维度，在这种环境下，你又如何能发掘自己的天赋呢？

很多时候我们说思路决定出路，实际情况却是思路大大限制了出路。

我们知道大脑活动有意识部分和潜意识部分，意识部分使用的是语言和逻辑，是人类成为万物灵长的必备条件。

但意识有一个致命缺陷，就是喜欢评价，这大大限制了潜意识的发挥。

你要知道潜意识可是一个巨大的硬盘，神经学家估算大致是100TB那么大，如果全部打印出来，估计能装满整个足球场。我们的大脑中偏偏有个看门老头儿（意识系统）在看守，我们还经常误以为他就是我们身体的主人。

所以，你更需要一种角色，用一些特别的手法，绕过这个固执的看门老头儿，侵入你的潜意识主机上，激活它，让它的洪荒之力自由地流动起来。

这种角色，就是间谍，只有它们才能帮你找出自己的天赋。所以，我直接把找到天赋的过程称为间谍的侵入。

不知你是否留意过，所有间谍小组，至少有三个角色：黑客、入侵者以及扰局者。

在《碟中谍》系列电影中，幽默的西蒙·佩吉就是黑客，负责后端的电脑及其他技术工作；而阿汤哥饰演的伊森就是入侵者，负责主要行动；扰局者一般都是一位具有天使脸庞、魔鬼身材的女士，一般是混入敌方做内应。三种角色齐心协力，不断完成行动，也许就能帮你突破防御，让你挖掘出自己天赋异禀的那一部分：

（1）黑客，接入潜意识数据。

（2）入侵者，尝试认知抑制解除。

（3）扰局者，切断控制型网络，进入分布式网络中。

04 接入潜意识数据

黑客总是躲在一辆装满高科技的冰激凌贩卖车里，在行动前他们总是通过黑客技术控制了整个大楼的监控、安全门、电力系统，为入侵者提供行动支持。

黑客的特点是，电脑技术出神入化，往往可以直接突破对方的防火墙，直达要害。

在我们的个体身上，防火墙其实就是每个人的防御机制，刚刚我们说了它像个看门老头儿，守护着我们的潜意识。只有“意识黑客”才能突破这个机制，接入潜意识数据。

什么是“意识黑客”呢？举个例子：

爱因斯坦在 1905 年，也就是 26 岁时连发五篇论文，其中包括彻底改变人类底层认知的狭义相对论。

为什么他可以在 26 岁时，还在瑞士做一名政府小职员的时候就提出改变世界的理论呢？

其实这源于他 16 岁时就开始的一个视觉化的想象实验：如果以光速去追逐一束光，那会发生什么？会看到这束光在空间中静止吗？

随着思想试验的深入以及专业的数学计算，爱因斯坦认识到光不可能放慢脚步，而必须以光速离他而去，光速不变，但时间会发生变化。

这个想象试验，最终启发他提出了狭义相对论。

在理论物理学中，许多物理学家大多基于严谨的逻辑和物理体系来拓展物理学的边界，这是标准的做法，但很可能没有办法突破意识这道防火墙。

而爱因斯坦却用童年幻象般的启发，直接突破了这层密不透风的逻辑，反而构建起了整个物理学的新大厦。

诺贝尔经济学奖获得者丹尼尔·卡尼曼曾经提出“系统 1”和“系统 2”的概念，我们也引用了很多次。系统 1 是潜意识和身体的活动，运行载体是图像；而系统 2 是意识和头脑的活动，运行载体是语言和逻辑。

黑客再次强调，意识黑客的概念就是突破系统 2 的意识束缚，启动系统 1 的形象思维，最终两者结合，达到一招致命的效果。

《三傻大闹宝莱坞》中的男主角兰彻就是一名地地道道的意识黑客。

比如，开学第一天，校长（病毒）大肆炫耀他有一支宇航员原子笔时，说因为在失重状态下墨水没法写字，所以，科学家花了数亿美元研发出这样一支原子笔。

兰彻却说："为什么不直接用铅笔呢？"

这句话回应的过程就像一场黑客攻击：从一个异于寻常的角度直达对方底层数据库，从而一击致命。

05 认知抑制解除

入侵者给我们的印象通常是上天遁地、无所不能，比如《碟中谍》中，伊森可以入侵美国联邦调查局的中央数据库，"悬空取磁碟"一幕堪为经典中的经典；他也可以假扮俄国上校混入克里姆林宫，可以徒手爬越世界迪拜高塔，可以徒手扒飞机……

似乎他每次都不会因任何危险而感到恐惧，能做到这一点，核心原因是他的大脑实现了认知抑制解除（cognitive disinhibition）。

根据心理学家西蒙顿的研究，认知抑制解除是大脑在进化过程中形成的特质。

在生活中我们每时每刻都会接触大量信息，但大脑不可能满负荷地去处理所有信息，所以只能自动选择屏蔽大多数，这叫认知抑制。

而认知抑制解除就是指有的人可以解除认知抑制这个本能，它会注意到常人平时忽略的信息。

福尔摩斯第一次见到华生时就说："你是一个从阿富汗回国的军医吧？"

华生一脸蒙，认为一定是有谁告诉他的。

福尔摩斯解释道："没有那回事，只是因为你有医务工作者的风度，同时还有军人气概，那肯定是个军医。左臂动作僵硬，说明刚刚受过伤。

现在什么地方刚刚打完仗，有可能让一个军医受伤呢？阿富汗。所以，我就知道你是从阿富汗回国的军医了。”

很多时候，认知抑制解除是靠人体的代偿机制完成的。

《雨人》中的男主角雷蒙，因从小患自闭症而变得记忆力超强，而有些盲人因为天生失明，耳朵和其他感知系统就会变得无所拘束般地灵敏，所以才形成了别人眼中的天赋。

假如你细心留意，会发现入侵者大多都是从小家庭发生严重变故，在极端孤独的环境中长大，以致对事物异常敏感，形成了所谓的天赋。

也有一些时候，认知抑制解除的过程是依靠一些特殊的经历。

比如，令狐冲无意中见到了风清扬，练成了独孤九剑；虚竹被无崖子传了九十年的功力，打通了任督二脉。

总之，你必须获得一些特别的信息才能做到这一点。

为什么入侵者总是能做到无所不能呢？那是因为他获得了监控数据、楼层地图、前方障碍物等各种信息。

为什么马云可以在 20 世纪 90 年代就坚持要把中国的中小企业全部联系起来？那是因为他去美国的时候，看到了未来的可能性。

请记住，天赋 = 大量信息 × 不断试错，这就是入侵者的特质。

06 切断控制型网络

接应者经常会扮演各种角色，混入敌方，然后抓住敌方网络中的某些关键节点，一招致命。

出现这种局面，很可能是对方的网络布局出了问题。

网络有两种，一种是控制型网络，一种是分布式网络，如图 4−4 和图 4−5：

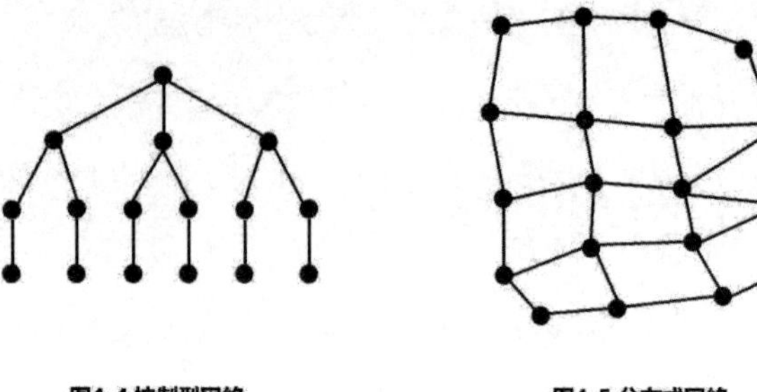

图4-4 控制型网络　　**图4-5 分布式网络**

比如，一台汽车就是一个控制型网络。一台车有 6000 个零部件，当你开车的时候，通过四个主要部件——刹车、油门、方向盘、离合器就可以对整个系统进行控制。

你知道，这意味着什么吗？

这意味着在黑客眼里，这样的网络一文不值。他们随便用一些手段，控制住其中几个关键节点的使用，整个系统就可能会瞬间崩塌。

遗憾的是，我们多数人的路径都是朝着控制型网络迈进。

从人生的角度看，很多人的一生就只有高考、求职、相亲、生育等几个乏善可陈的节点。如果其中一个节点出了问题，那几乎会引来毁灭性打击。

而分布式网络则是有无数个节点在相互了解，没有什么是绝对中心。一个系统即使失去了几个节点，也会被其他节点迅速弥补。

控制型网络就是一般公司的样子，总经理下面有总监，然后总监又管理员工。

而分布式网络则是你在高中班上的样子，有几个同学因位置相近，他们就玩到一起了；有几个同学因天天打篮球，他们的关系就很铁。彼此是随机凑成的组织，彼此间的关系错综复杂。

分布式网络的优势在于，信息过载量很大。

比如，虽然你是一名小职员，但用周末参加了读书会，就很可能认识了层级比你高几个等级的人，获得了高维度的认知。同时也可以认识不同行业的人，获得不同维度的反馈。

又如，“呆伯特系列漫画”的创始人，他以前在办公室待过很长时间，又会画漫画，同时又会编段子，几种技能交织在一起，他就可以创作出《呆伯特》这种全球 50 多家报刊转载的明星内容。

天赋需要信息！把自己放入分布式网络中，毫无疑问，这样我们才有发挥天赋的那一点儿机会。

遗憾的是，互联网将整个社会越发分布化，如果我们依旧迷恋那种虚幻的安全感而放弃寻找自己的天赋，今后的人生将越发艰难。

危言耸听的话不说，但趋势不可逆。

07 结语

也许你本可以当一名漫画家、花艺师、环游世界的旅行家、窝在咖啡馆的小说家，或是看穿商业的投资人，甚至是一名改变世界的产品经理……

但你的父母嫌这些职业不够稳定，让你做起了朝九晚五的小职员。

如果你读过《道德经》就知道，第四十章里提到的“反者道之动”这五个字，是老子最核心的思想。

这五个字大概是指世界的道永远是相辅相成的，如刚开始困难的后期会变得简单，刚开始简单的后期会变得困难。又如看似稳定的其实最不稳定，看似不稳定的其实最稳定。

但我认为，有一个例外：苟且的，永远都会苟且。

你的职业规划是什么

01 什么是职业

你在面试时，有没有被问到过职业规划是什么?

可能有很多人会回答得非常清晰，他们知道自己的方向，也清楚来这家公司的具体目的，甚至规划好了每一个阶段的路径。

但事实是，如果真有人这样回答，很可能他们还没有深入理解，什么是职业。

用理查德·道金斯在《盲眼钟表匠》里提出的概念你就明白了:

“你此生的工作，就好像是把一堆数不清楚的零件，一点一点地拼凑起来。但你的眼睛是看不见的（看不见未来），所以只能一点一点试错。”

最终拼凑出来的钟表是什么样子，你当然无法预测。这意味着，尽管你必须为未来努力，但这并不代表你可以决定未来。

02 什么是未来

究竟什么是未来呢？如果你知道了真实答案，可能会感觉心中无比悲凉。

因为它的核心是不可约性（irreducible）。这个词也许你从未听说过，但请注意，它将是你今后遇到的最普遍的现象。

这是什么意思呢？

假设有一对情侣，他们之间的关系是相互影响的。比如，男生生气会导致女生也生气，女生开心会让男生也跟着开心。你可以根据任意一个人的状态去判断另一个人的状态，这是可预测的，如图 4-6：

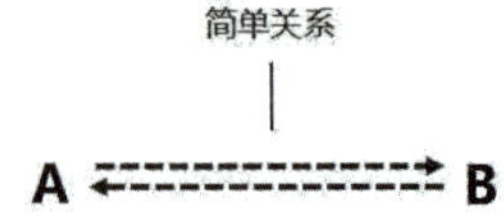

图4-6 关系可预测

如果你把男生和女生放在一个有几十个人的大家庭中，男生的父亲、母亲、奶奶、哥哥、嫂子、姐姐、妹妹等都有可能导致男生和女生的不同情绪。这其实就是贾宝玉和林黛玉在大观园中的情况，所有人都相互影响，情绪不断传导，最终达到不可控的复杂局面。这就是不可约性，如图 4-7：

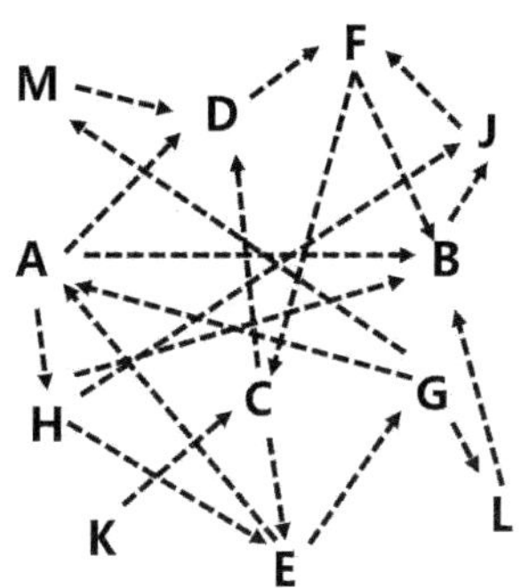

图4-7 不可约性的复杂

美国物理学家维森费尔德等人提出的沙堆模型（sandpile model）也同样说明了这个道理。

假设一个沙漏不断地往下漏沙子，刚开始沙子逐渐形成一个类似马戏团大帐篷的圆锥体，越来越高。一旦越过某个临界值，任意的一粒沙子都可能会引起整个沙堆的崩溃。

物理学用超级计算机进行模拟，如果超过一定的临界值，每增加一粒沙，就会让沙堆内部的结构复杂 100 万倍。计算机根本无法预估，具体在什么时候沙堆会崩溃。

遗憾的是，无论在生活中还是在社会中，到处都充满不可约性。比如，地壳活动就是不可约的，所以科学家无法预测地震。

而一家人数超过 50 人的公司，就可以构成不可约性了。不仅是你的上级，公司里每个人每天变化的情绪、工作的交接、会议上的突发情况等，都可能影响着你的未来。

所以，每个人都是蒙着眼睛的钟表匠，只能不断摸索，但又无法确定未来。

但这是否意味着，我们什么都不用做了呢？

在《盲眼钟表匠》中，理查德·道金斯发现了一个惊人的规律，尽管每个生物在进化中都处于不可约性的复杂之中，他们也确实不知道未来的自己会变成什么样子。但事实上，多数的生物进化都遵循着累积选择的原则，最终都在很快的时间内进化出叹为观止的生命体征。

这意味着，即使我们被蒙着双眼，如果知道一定的规则，也可以活出自我。我称为“盲眼钟表匠的规则”，包括以下三个方面：

（1）掌握安装钟表的顺序，学会理性。

（2）让齿轮联系起来，寻求连接。

（3）用发条去转动钟表，自我改造。

03 学会理性

安装钟表的顺序，代表了井然有序的理性。没错，在复杂的未知世界，你首先需要的就是理性。

这个结论可能会令你大跌眼镜，哪个现代人不是理性的呢？

按照博弈论的观点，所谓理性，就是对你想要的各种东西设定一个优先级，并且能够贯彻执行这个优先级。

所以，我们多数人都是非理性的。

一个小朋友说乐高积木比电动汽车好玩，变形金刚又比乐高积木好玩。再过段时间问他，他又说现在觉得电动汽车最好玩。这就是非理性的，他的排序是混乱的。

买车时，你原本把后备厢空间 > 车辆动力 > 安全作为自己的备选条件，这时你突然看到一款很炫酷的车辆，以上三个条件都不满足。但是，你依然决定购买，这也是非理性的。

生物的进化是理性的，你身上绝大多数的器官，都是生物不断适应世界所留下的最优选择。

我们很多人都会得痛风，这就是进化病，起因是500万年前当人类走出森林，在没有太多维生素C补给的情况下，人体的补偿性机制开始运转。

尽管生物进化并没有一个高高在上的神在做理性选择，但最终呈现的结果却是理性的。

所以，借助自然选择的概念，我们也可以看看在工作中我们如何用理性的方式学会进化：

假设你有五次选择工作的机会，每一次都有三个备选项，分别是最挣钱、最舒适、最有发展这三个维度的工作，如图4-8：

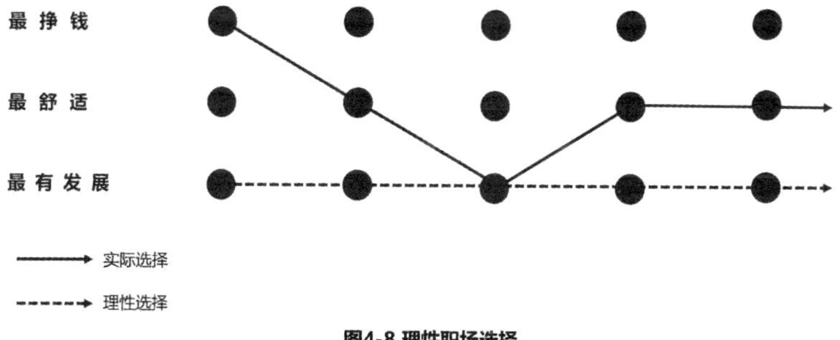

图4-8 理性职场选择

如果你每次都选择“最有发展”这一项，那你的职业生涯大致会很有潜力，这也就是刚刚我们提到的累积选择的概念。

但是，偏偏多数人都是非理性的，如很可能你在第一次就会选最挣钱的那份工作，而在第三次的时候选择最舒适的那份工作。即便你在某一次选择最有发展的这份工作，那也可能错过了最好时机，直接让你整个的职业生涯变得平庸了。

04 寻求连接

让齿轮联系起来，这里象征我们进入混沌世界的第二步，也就是连接。

这个观念同样十分简单，这不就是让我们多结交人脉吗？从进化论的角度去理解，其中还有一些背后的深意。

先讲一个故事：

一列长途火车路过西伯利亚一个小镇，火车上的人看到一块田地里有两个人，他们做出了十分奇怪的行为。他们在干吗呢？一个人在使劲挖坑，十分卖力，弄得满天都是尘土；一个人在填坑，把头一个人挖起来的土又立刻填上。然后，他们不停地重复这个动作，一个挖坑、一个填土；一个挖坑、一个填土，一直重复了几十遍。

火车上的人忍不住大声问了一句："你们在干吗呢？"

两人十分不耐烦地回答道："我们在种树呢！"

火车上的人说："树呢？"

两人接着回答："我们本来是三个人，挖坑、种树、填土，但是种树的人今天生病，没有来。"

这是一个很老的笑话。因为两个人没有产生连接，所以做出了非常没脑子的行为。

美国威斯康星大学神经学教授朱利奥·托诺尼提出了一个叫作整体信息论（Integrated Information Theory，简称 IIT）的理论，如图 4-9。这是一个高度数学化的理论，但它的基本思想其实很好理解。

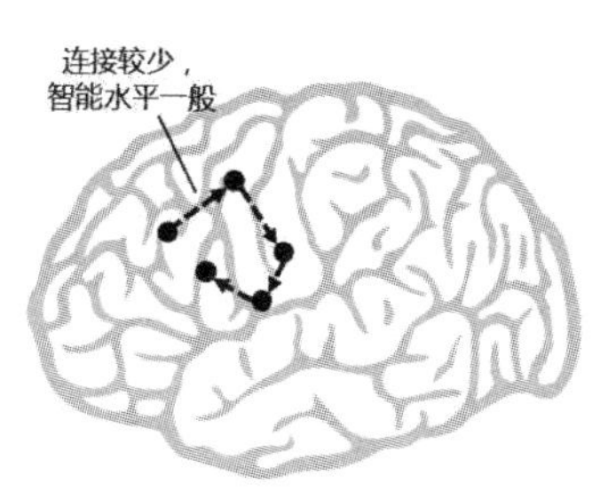

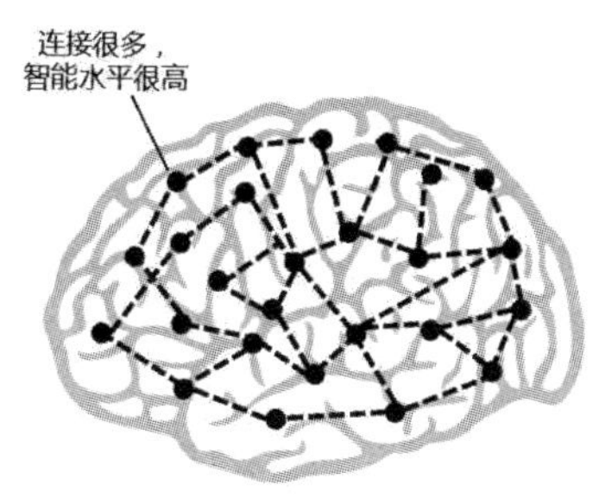

图4-9 整体信息论

理论的核心意思是，如果你把一个系统分成几个模块，而几个模块之间并不怎么交流，那这个系统肯定是没有意识的。一个有意识的系统必定是所有模块紧密联系。

人类的意识也就是这样进化而来，刚开始只有少量的神经轴突（axon）把周围的神经细胞联系在一起，形成一些本能。随着大脑神经元相互的连接越来越多，人脑才逐渐形成了“我”这个概念。

而且，与世界联系越多，你的意识水平就越高。

在《三体》中，每一个三体人看上去都笨笨的，但他们的优势在于，每个三体人的大脑都是相互连接的，一个人有想法就等于全部人都共享了。虽然牺牲了个人隐私，但三体人凭借全体互联的方式，在智能方面完全碾压人类。

阿里巴巴的 CEO 张勇曾评价马云，“马云现在看问题就像外星人俯瞰地球”。这句话可能并不只是恭维，一个人整天和全世界最聪明的大脑进行互联，其智能程度至少是普通人无法想象的。

所以，在不确定的世界中寻求更多的连接，才代表了高度进化。

拿同样的薪水，做一名销售可能比做一名行政人员要好很多，因为销售可以和很多客户进行连接，而行政人员与其连接的数量就要少很多。

在公司内部，你和 CEO 聊的次数就应比其他人更多，因为他的大脑本来就连接了更多信息，你和他互联可以使效率更高。

值得注意的是，这里的多可能并不单指数量上的多，而是意识维度上的多。

一个销售人员如果把所有客户都用同样的模式去对待，把他们当作自己实现业绩的工具，其实只相当于连接了一个客户而已。你应该和客户聊不同维度的东西。

又如，你认识一个汽车销售员，当你买车的时候，他能够给你提供很专业的参考。如果你认识 100 名汽车销售员，和你认识一个汽车销售员没有太大的不同。

在《盲眼钟表匠》中作者提出，所有新物种的产生都是因为地缘隔绝，基因的差别跨越越大，生命就会越高级。

这意味着你应该在职场尽量去接触不同领域的连接者，才有可能更快地让自己进化成高级物种。

05 自我改造

发条大概是人类最早发明的机械装置之一，轻轻扭动就可以产生持续的能量，从而驱动钟表。

这让人想到了安皮里卡资本公司的创办人纳西姆·塔勒布提出的反脆弱的概念，即在一种非线性的世界里，我们用不对称的反脆弱手段，即可获得丰富的回报。

这可能是你在职业规划中最重要的一步——寻找不对称性。

什么是不对称性呢？

简单地说就是力量对比，不再是我们思维惯性的那个样子了。

赤壁之战，曹操有八十万大军，孙吴只有五万大军，这个实力差别很大吧？但是最终孙吴击溃了曹操。

现在，一个不起眼的创业公司优步，能迅速颠覆全球的出租车行业；一个整天晒晒脸的网红，一年的收入就可能超过一家公司的 CEO。

为什么会出现这样的不对称？核心是因为社会网络关系的不可约性，导致中心化的控制力量正在丧失。

过去的社会是一种中心化的方式，很多小人物围绕着一个大人物，主宰世界的都是大人物，如所有同学都要听老师的，所有职员都要听老板的。

现在则是去中心化的方式，小人物通过互联网也可以自发连接起来，瞬间聚集起巨大的力量。

记得阿基米德的那句名言吗？“给我一根杠杆，我就可以撬起地球。”在传统社会中，这纯属天方夜谭，但在不对称的世界中，这是完全有可能的。

塔勒布的办法是采用杠铃策略，做一部分最稳妥的事，需要把一部分精力投入到风险很高但可能带来极大回报的事情中。

崇尚混沌理论、《混乱》的作者蒂姆·哈福德的办法是制造任意的震动。

他们的核心都是让你不要太过安稳，你得过一些不一样的生活，或者你干脆朝相反的方向去活，这是对抗不确定世界的重要手段。

比如，在公司里所有人都是为了钱而工作，你干脆不去关心钱，为了一些理想而工作。

又如，每个人都说应该在一份工作中深入了解，那你就多换几份工作，从不同的维度去修炼自我。

我们应该随时记住世界的网络格局在发生变化，以后是什么样子，没有人能够知道，但是至少不会像之前那样。

06 结语

如果面试官问你的职业规划是什么，你大概不会跟他说理查德·道金斯的《盲眼钟表匠》，也不会跟他说不可约性的复杂理论，更不会跟他说朱利奥·托诺尼的整体信息论，当然也不会跟他说纳西姆·塔勒布的反脆弱原则。

但是，你至少可以跟他说一句："去你的规划吧，世界如此无常，我们需要的是进化而不是规划！"

想起《阿甘正传》中，那句最经典的台词了吗?

"生活就像一盒巧克力，你永远不知道下一颗是什么味道。"

这就是未来。

用表达公式掌控整场面试

01 面试是低效率的沟通

你觉得面试难在什么地方？

发挥不出真实水平？还是感觉面对“你的优点 / 缺点是什么”等世界级的难题，总是难以组织语言？

其实更可怕的是，即使你在一场面试中超常发挥，结果也可能不尽如人意。

因为这根本不是你的问题，更不是你的能力不够，甚至也不是你不适合这家公司。而是因为这种传统面试，本身就是一种低效的沟通方式。

国外许多管理学家都表示，面试是各种现代化谈判形式中效率最低的一种方式。

耶鲁大学的詹森·达纳甚至发表文章说，这种25分钟左右的面试交流，面试官通常都看不出来一个人的水平如何。

这个观点有点颠覆，我们来看看心理学方面的解释。

首先，我们要理解面试的核心是权力关系，而不是单纯的别人考查你的能力这么简单。

面试官决定了应聘者是否能来这家公司，他手里就拥有了权力。

所以，应聘者的表现通常是这样的，如图 4-10：

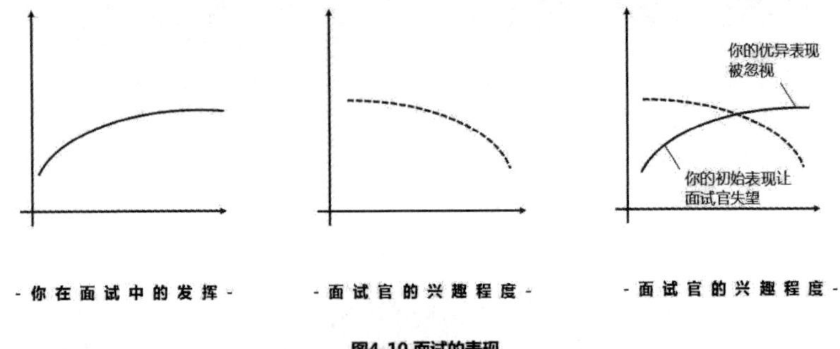

图4-10 面试的表现

应聘者为了迎合这种权力，大脑会在一开始不由自主地去试探考官的偏好，这时候难免就显得不自然和相对保守。随着慢慢地进入状态，表现会越来越好。

然而，面试官的情况却是这样：

通常一开始对进来的应聘者满怀期待，然后随着面试的进行注意力迅速降低。

这正好是一个相矛盾的结果：考官对你特别关注，而你却状态不好，让人失望（虚线部分）。

随后你拿出了最精彩的表现，考官却无精打采，你最好的一面却被忽视了（实线部分）。

通常情况下，从应聘者回答第一个问题开始，这种被动情况就开始不可逆转了。

因为双方都进入了一种认知偏差的情境中。一旦你开始逐个回答面试官提出的可能他自己都回答不了的问题，你就陷入被动了。

02 校正偏差

面试的时候，如何破解面试官的认知偏差呢？

高手的做法是主动！主动！主动！

无论当天氛围如何，面试官提一些如何刁钻的问题，你都要学会巧妙地绕过去。逐渐把自己已经设定好的面试表达公式展现出来，立即让自己掌控整场面试。

一场面试和一场战争，在本质上没有什么不同。核心还是主动，无论进攻还是防守，你都应该想一些主动性策略。

所以，我想到了木马计，那场战争策略巧妙，堪称经典。

借用其中的场景，我把它称为“攻陷特洛伊城”，用以解释什么是面试表达公式，核心有以下三点：

（1）特洛伊，确定共同解决一个问题。

（2）阿喀琉斯之踵，故意暴露自己的弱点。

（3）木马屠城，用放大视角进行表达。

03 共同解决一个问题

斯巴达国王的妻子海伦跟着特洛伊王子帕里斯跑了，国王叫上自己的哥哥阿伽门农势必要报仇。他们目标明确——攻陷特洛伊城。

在面试中，你和面试官也有一个明确的目标——确定我们现在正在共同解决一个问题，而不是进行毫无意义的拉锯战。

比如，有一个没什么工作经验者的面试是这样的：

应聘者："我不骗您，我说我没有做过互联网、没有做过策划，您肯定在想，有没有必要要我这样没有经验的新人。"

面试官："是的。"

应聘者："但是，打个比方，您是一个班主任，您是愿意选择一个有班长经验的人，还是愿意培养一个只属于您自己的班长？"

面试官笑了，面试顺利通过。

这就是技巧高超的应对方式，是否要选择一个可以培养的自己的人就是应聘者帮助双方建立的共同问题，如图 4-11：

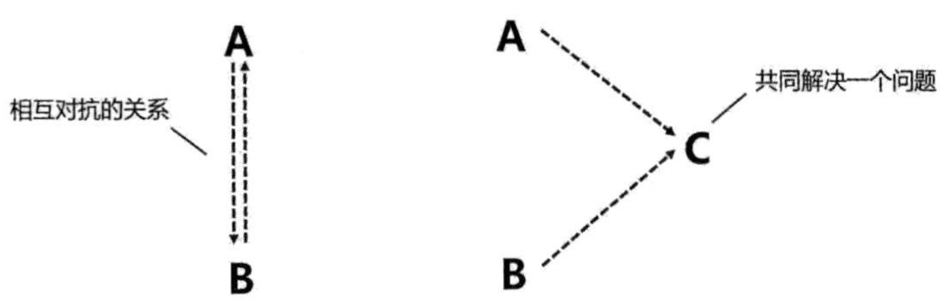

图4-11 共同解决问题

确定一个共同解决问题的好处在于，双方的权力关系从绝对倾斜，变成平等关系，从雇佣角色转换为合作角色。

这就是人们通常所说的，回归到同一频道下。这可以一下就解决应聘者的被动局面。

当然，这需要一点小的转化技巧。

比如，一进 HR 的办公室，通常你会被要求，“请来一段自我介绍”。

这时候你可以直接转化，“其实，在自我介绍之前，恐怕我还有一个更重要的问题需要关注”或者是“比我介绍自己更重要的是一个什么问题”。

总之，无论对方怎么开场，你都要迅速转化，把共同解决一个问题赶紧提出来。

具体的问题，恐怕需要你在面试前做一些功课，深度了解这家公司的情况和职位情况。

比如，你应聘销售的岗位，这个问题可以是建立一套客户管理体系。

04 故意暴露自己的弱点

在进攻特洛伊城的时候，斯巴达战神阿喀琉斯遭遇了著名的阿喀琉斯之踵。

在面试中，一个非常重要的环节就是，故意展现自己的一个弱点。

请注意，这是来自谈判专家的分享：最有效的一项技术，是故意跟对方说一个自己的弱点。

把自己内心的秘密暴露出来，让对方觉得你也有弱点，你是可能被伤害的，才算是把自己真实感情的一面展现给了对方。

这样对方就能立即获得安全感，从而对你产生信任。

比如，有一个面试，开场时应聘者就说：“不好意思，我的状态不是太好，因为上周我奶奶去世了，她把我从小带大，所以我难过了很久。”

面试官通常会给予感性的理解，这时两人的对话马上就在同一频道了。

在演讲的时候，这也是个必要的环节。

所以，你总是会看到竞选美国总统时，候选人会暴露出他们的弱点。

克林顿在 1992 年竞选的时候，形势一度非常落后，但在一次演讲上他自我揭露弱点："我弟弟吸毒、我爸爸酗酒"，结果支持率立即上涨。

暴露弱点通常可以让别人立即感受到你的真诚。

有个应届毕业生小伙子很可爱，简历简陋得吓人，没有奖项头衔，也没有让人眼花的社会实践经历。

面试官问他为什么不做一份细致一点的简历，他的回答："有，老师帮着一起做的，很厚。但是太假了，我自己都看不下去。"

05 用放大视角进行表达

在斯巴达战胜特洛伊的关键之战中，发生了著名的"木马屠城"。

一个普通的木马，并没有什么特别之处。如果放大到比城墙还高，那就非常有吸引力了。

在面试中，也同样如此。时刻带着放大的视角去展现自己或理解一个问题，就会给面试官带来深刻的印象。

说得更形象一些，面试通常有三种视角可展现你的想法：

（1）平面镜视角，以真实的视角去呈现事情真相。

（2）望远镜视角，观测未来及更远的地方。

（3）放大镜视角，把局部事物放大剖析。

其中，第三种放大视角正是我们必须掌握的面试技能。

很多应聘者担心自己表达太多想法会给面试官带来不好的印象，实际上，那种想法太多的印象，正是许多应聘者用望远镜视角去看待工作导致的。

放大视角却不会，一个对本职工作非常热衷钻研的人，是所有人都喜欢的。

如何运用放大视角呢？有一个非常有效的入门方法，那就是苏格拉底法，即穷尽式提问法。就是对一个看似模糊的问题进行随机提问，直到答案变得清晰和具备可操作性。

举个例子你就明白了：

你去面试一份市场营销的工作，公司是一家大型的绘画教育机构。

面试官问你："你有哪些优点？"（事先对自己穷尽式提问）

问题1：优点到底是个什么概念呢？能产生价值的特质，比如爱笑、能给周围人带来快乐。

问题2：面试官最关心什么价值呢？热爱工作。

问题3：热爱工作是一个什么概念？热爱产品（绘画）、热爱市场营销。

问题4：市场营销有哪些工作？分析客户需求、满足客户需求。

问题5：如何了解他们的需求？通过和每个客户交流，统计并进行数据分析。

问题6：如何满足他们的需求？开展丰富的线下活动。

看到了吧，通过穷尽式提问，把你有哪些优点放大到热衷和客户交流、数据分析能力、组织线下活动的能力等优点上。

很多面试官实际上对答案并不在意，他们关注的反而是这种推演的思路。

06 结语

记住一句话——这个世界是复杂多变的，唯一简单的就是做自己。

面试官再牛，也只是社会中的一个角色。社会就是一个利益共同体，找准别人的利益，表达自己的价值与之匹配，就一定可以攻下自己的特洛伊。

攻陷特洛伊城是面试的表达模型，能帮你在不知道节奏的情况下，清楚自己应该表达什么。

请注意，气场很重要，不用显得很费力，不迎合、不抵触，只淡然一笑对之，心里能装下不喜欢的事。

有时候你盯着对方的眼睛，对方就输了。

你应该在工作中锤炼哪些能力

01 构造共同想象

几乎每个年轻人在找工作时都很看重学习成长的机会。

比如，我们更想去培训机会多的大公司，更想和比自己优秀的人在一起工作。在面临选择时，我们也可能会放弃高薪而选择成长可能性更大的地方。

但是，你应该具体学习和成长什么呢？

主要和两个方面相关：一种是生存，另一种是想象。

在原始狩猎时期，我们就逐渐养成了这样的习惯：白天，你会跟着原始人老爹去学习关于采集、狩猎的各种技能和知识，如学会射箭、识别动物气味、设计捕猎陷阱、观察天气变化，等等。晚上，你和原始人老爹还有其他人就会聚集在篝火前，相互分享一些离奇的故事，也有些人跑到洞穴的墙壁上画画，施展自己的想象力。

你千万不要小看我们在晚上学习的技能，《人类简史》中反复提到，就是因为智人会讲故事，才把大家凝聚起来，达到人类大规模协作，征服世界。

随着社会的发展，大家在白天学习的技能逐渐演化为以生存性技能为主的劳动技能，如原始人的狩猎技术、近代纺织女工的纺纱技术等。同时也演化出以发现世界真相为核心的科学认知，如爱因斯坦发现了相对论，达尔文发现了进化的真相。

而在晚上学习的技能逐渐演化为以构造共同想象为核心的人文学科，包括政治、宗教、管理、哲学、文学、心理学，等等。

你所面临的局面，也是一样的。在公司里，以下这三种能力你恐怕都需要学习：

（1）生存性技能。现代人至少得学会用电脑和发邮件，而且基本上你还要学会做 PPT，使用办公软件等基础软件。

（2）发现公司和市场的真相。比如，你是数据分析员，就需要找出营销背后的真相；你是产品经理，就需要找出客户的真实体验；你是 CEO，就需要找出市场的真相。

（3）构造自己、团队和客户的想象。如果你是销售员，就需要去设计客户的体验和想象；你是平面设计师，就要通过平面去激活客户的想象；你是团队领导，则需要用股份、期权、公司愿景把大家团结起来，去激励大家的工作激情（这和原始酋长做的事，没什么不同）。

这个思路看上去是非常清晰的，但多数人却是迷茫的。

因为他们在练习生存性技能时都是不屑的态度，同时也十分拒绝身边的真相，并且还总是打击自己、团队以及别人的想象。

人类社会无论在原始狩猎时、修筑金字塔时、农耕社会时、世界大战时，还是现在经济高度发展时，生存性技能、发现世界真相以及构造共同想象这三个底层逻辑从来不变。它们引领过去，也必将引领你至未来。

我把这三方面称为“原始的天赋”，接下来分别说一说它们的使用手册：

（1）生存性技能，其特点是具备开源优势。

（2）发现世界真相，其特点是灵活运用评估机制。

（3）构造共同想象，其特点是共情的能力。

02 发挥开源优势

我们知道，人类之所以从动物变成了人，主要是因为火的使用以及语言的产生这两个重要因素。

但是，我们忽略了，打磨可能是第三个重要因素。

根据《人类简史》中的描述，在没有火的时候，人类的狩猎能力还很弱，经常等狮子、豺狼把猎物的肉吃完了以后，我们才能用尖锐的石块敲击动物的头盖骨，靠吃动物脑髓来养活自己。

同时期的黑猩猩虽然也会使用石块来当作工具，但智人却学会了打磨石块来提高敲击效率。

换句话说，我们掌握的不是石块，而是打磨这项开源技能。

为什么叫开源技能呢？因为在随后的进化中，人类就用打磨这个动作创造出长枪、骨针，甚至是弓箭等一系列杀伤性武器，我们的狩猎时代才有了可能。

在人类早期，因为环境复杂多变，几乎每一项技能都是开源技能，包括火、打磨、讲故事等。因为只要掌握开源性技术，无论迁徙到什么地方，在什么样的环境中人类都可以生存下来。

人类进入农耕社会然后到工业社会，技术就变得越来越精细。很多领域的技术也越来越封闭。比如景德镇，有些人只负责画釉，一画就是一辈子，他们生活在一种高度协作的分工里，所掌握的技术就很难衍生其他技术了。

所以，人类早期的历史经验是可以借鉴的，自从2010年移动互联网爆发后，我们所面临的外部世界越来越遭受巨大的不确定性。各种去中心化、颠覆式创新层出不穷。多数人如果还死守在某个封闭的领域，那你面对的局面可能会比较危险。

在巨大的不确定性中，我们最需要的特质就是适应。

所以，重新掌握开源性技术就非常有必要了。因为可以让你在一定的基础上随时进化出新的技术以适应环境。

你是一名汽车销售员，如果你只会按4S店那些既定的流程销售汽车，那对不起，这不叫开源技术，这叫固执。因为外部市场在变，就算你说你会在一家公司待一辈子，就算你的公司真的可以存活几十年，但每一年市场环境都在飞速变化，你如何保证那些技术可以让你一直保持良好的业绩呢?

正在开发的开源性技术应该是识别客户情绪、商业谈判，设计客户体验、客户数据分析等，因为不管市场怎么变化，你与客户的接触是不会变的。而且任何一家公司都会面对客户，这些技术又可以结合不同公司的情况，开发出新的技术。

03 灵活运用评估机制

人类的历史就是从混沌到不断探究世界真相的过程。一个人的一生也同样如此,从出生懵懂到活得糊涂,再到活得清晰,最后到找出了人生真相。

但是，什么是真相呢?

你刚进公司半年，负责产品营销，却发现了公司营销策略上的重大失误。但在会议上其他人并不认同，反而认为你一个职场菜鸟想得太多。到底谁说的是真相呢?

比如，公司是做椅子的，东西又便宜又好还是大品牌。在一次展销活动上，旁边展位的小厂商使劲宣传他们是符合人体工程学的椅子。明明这是一个很老的理念，但是，客户就是相信，结果这次活动公司完败。客户相信的又到底是不是真相呢?

其实真相分为两种。那种 1+1=2 的绝对真理在生活中其实非常少见，更多的是由这种不同视角和价值观而产生的相对的真相。

世界上最难的事就是把自己的思想装入别人的脑子里。你如何能够做到说服别人相信你认为的那个真相呢?

这时你得学会如何运用单独评估和联合评估。这个概念最早由著名心理学家和经济学家丹尼尔·卡尼曼提出，用于应对人类那些非理性行为。

什么是联合评估呢? 比如，你在淘宝买一把椅子，能够准确地比较销量、价格、口碑等所有信息，能够准确进行比较的就叫联合评估。

你今天看了一篇公众号软文，大致是一个患有腰肌劳损的人，通过坐某个人体工程学的椅子，然后腰就恢复了。你恰好有这方面的需求，于是被故事打动下单了这就是单独评估。

如果你相对来说实力很强，那最好用联合评估，让别人找到真相（销量很高、成本很低的椅子）。

如果你相对来说实力很弱，就只能用单独评估，让别人一时陷入没有对比的情况，从而相信你说的话（成本很高的椅子，所以强调人体工程学）。

再回到我们刚刚说到的案例中，如果你是个职场菜鸟，却在会议上指出营销策略的失误，这就等于你直接和老鸟进行比较。作为菜鸟，你的实力很弱，用联合评估，那肯定会死得很惨。

正确的做法是你应该单独写一份报告给上级，并且指明这是偶然的发现，自己并不确定是不是重大失误。

在展销活动上，你所在的公司原本实力很强，却被旁边的小厂商用人体工程学这个噱头拉入单独评估的队列。正确的做法是你应该在宣传屏幕上把椅子的所有优缺点全部列出来（如小米曾经用跑分来突出自己的优势），小厂商就无计可施了。

一个即将毕业的大学生写简历，如果更多地强调工作经验、职业技能等这些可以直接拿来比较的东西（联合评估），那胜算就很小。

你应该更多地强调自己那些独一无二的经历，比如曾经骑行 3000 千米、当过志愿者，等等，让 HR 产生单独评估的念头，才是正确的做法。

04 共情的能力

尤瓦尔·赫拉利在《人类简史》以及《未来简史》中都反复强调，人类之所以能征服世界，就是凭借讲故事这项能力，构造出人类无与伦比的想象金字塔。

国家、宗教、公司、品牌、货币、道德、社会制度、哲学等，这些共同的人类想象构成了现代文明的基石。

写这篇文章时，我原本想找到人类是如何产生想象这个确切答案，但查阅了大量资料后，还是没有得到一个确切的答案。

想象的基础大致有两种，一种是符号，另一种是语言。

这两者产生的核心也是因为人类开始了交换和协作。比如，有些部落保留了火种，而有些部落的火种被雨浇灭了，你就要去隔壁借个火，这时候就产生了交流，要么比画符号，要么进化出语言。

在《人类简史》中，赫拉利写到大规模围猎对语言的产生非常重要，因为以前一个猎人去抓一只兔子，不需要语言；而一群人围捕一大群鹿，那就需要分工了。比如，头领会安排“你负责驱赶”“你负责放箭”“你们几个，和我一起抓鹿”，语言从此诞生，迅速从简单变得复杂。

从另一个方面看，人类一直以来就是群居动物，而且很早就可以做到非亲缘关系式的群居。

非亲缘之间的相处更多需要互惠利他这种行为，意为我今天给了你一块肉，你明天给我一篮子蔬菜。

有些互惠行为是没有办法量化或者及时回报的，如我花几年时间教你怎么狩猎，你可能需要很多年以后才能对我有所回报。于是我对你说：“以后，等你小子有出息了，你就……”

想象可能就由此诞生。特别是很多人在一起的时候，领头人就需要让大家一起做一些事共赴未来，他也需要编造一些故事，让大家团结在一起。

无论以上哪种原因，想象和讲故事诞生的基础都是为了协作。

所以，你应该理解为什么这么多有能力的人曾经公开发表言论，想象力和讲故事是未来最重要的能力之一。因为在未来，网络协同方式会发生巨大变化，每个人都可能成为一个超级节点，需要广泛地和人协作，那就更需要讲故事的能力。

现在很多人暂时还没有这种感受，其实是因为我们在公司里只是参与了协作，你更习惯听别人讲故事。

你迟早都会走出协作创造自己的网络,你也迟早要学会给别人讲故事。

05 结语

趋势作家丹尼尔·平克在《全新思维》中讲到，未来是高感性和高概念的时代，这六种能力恐怕是最为重要的，如图 4-12：

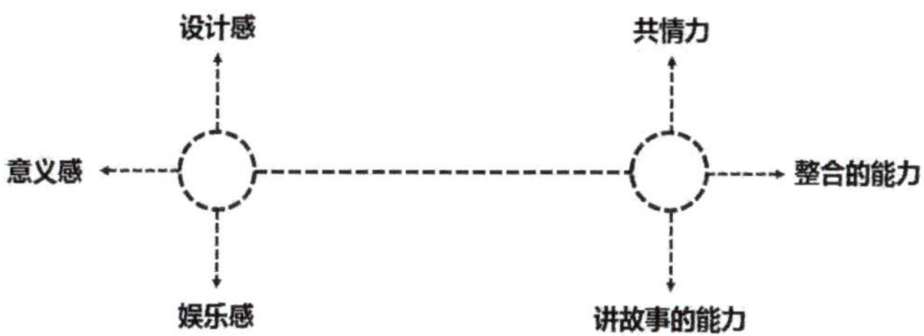

图4-12 未来的六种能力

（1）设计感，包括平面设计和用户体验设计的能力。

（2）意义感，赋予一件事意义的能力。

（3）娱乐感，会玩，并且能够设计游戏的能力。

（4）共情力，能够感受对方的感受，站在别人的角度思考的能力，做产品的人尤其需要共情力。

（5）整合的能力，不断整合各种资源，跨界整理知识等。

（6）讲故事的能力，尤其是商业领袖，最需要会讲故事，比如乔布斯。

很多年前，人类祖先总是在深夜里仰望无尽的星空。他们很难想象，就在一万年以后，人类的科技和文化犹如眼前的星空这样璀璨。

而你，是否偶尔在旅行途中，站在无数人曾经仰望的星空下，想想我们的一生依旧和人类祖先那样，无尽地发挥着自己的想象。

我们从未改变，也许就是最好的改变。

在工作中，你的想法到底有多大的价值

01 你会提出自己的想法吗

你是一个敢于冒险，脑子里充满新想法的人吗？

在工作中，领导让大家提工作建议，你是更习惯大胆表达新的想法呢，还是习惯墨守成规？

其实这是一个小小的博弈问题，我们会下意识地评估改变的风险和收益，然后决定选择哪种策略。

真实的情况是，90% 的人都会选择墨守成规。因为新想法所面临的风险往往远高于收益。甚至，几乎没有任何收益。

（1）改变是困难的，你自己连睡懒觉这种习惯都很难改变，如何确定你的建议能够实施呢？

（2）同事会不喜欢你，即使你没有动别人的蛋糕，但是也没有人喜欢别人提新的想法。

（3）领导多半已经有了自己的想法，因为每个人天生就对未知的事物产生抗拒。

（4）失败后你的风险巨大，很多改革都是显而易见地失败，最终你会被扣上一顶不切实际的帽子。

所以，多数人是不会在公司里表达想法的。除非你的公司非常鼓励创新，对员工的试错控制到零风险。这样的公司毕竟太少了。

02 穴居人状态

我们完全可以把多数人的状态比喻成穴居人的状态，一遇到有挑战性的问题，如开会让他们提建议，这些人就躲进自己的洞穴里。

人类在几十万年前就生活在洞穴中，这是一个可以为他们提供足够安全感的地方。

我们一生中会构建出很多洞穴，从最开始在母亲的子宫内，到你小时候生活的房间，再到大学宿舍上铺的那个角落，又到办公室中属于自己的那个小隔间……

我们会偶尔探出头看看这个世界，更多时候，是在自己的洞穴中蜷缩着，这是人性中最舒服的状态。

洞穴之所以让我们感觉舒适，是因为你在里面时，关系度趋近于零，不用接触什么人，一切都以自我为中心。

所以，长期躲在洞穴里，人就会出现一些问题。柏拉图在“洞穴寓言”中，说出了两个麻烦的问题：

（1）幻想，整天以假乱真。

（2）相信，把个别具体的东西当作普遍性的问题来看待。

你会发现越是躲在自我洞穴中的人，越是喜欢无中生有、搬弄是非。比如，办公室中有几个喜欢八卦的人，他们还很容易形成自己的价值观，对于别人的否定也嗤之以鼻。

所以，这就是一个循环系统，在洞穴里待得越久，越会拒绝接受外面的真实，就越走不出去。

你看多数人的职业生涯就被卡在“洞穴”之中，终其一生，日夜重复。

03 走进森林

如果你不想让自己在洞穴中卑微地过一生，那么你就需要勇敢地走进森林。

从办公室洞穴中，走进公司这个小森林；从公司走出去，又走进市场这个大森林。

走出去时，你可能需要一些勇气，可能更需要具体的路径，毕竟森林中不仅有诗和远方，还有血淋淋的、残酷的森林法则。

我把这个路径称为穴居人走向森林，主要包括以下三个方面：

（1）森林，这里指一个均衡的生态系统。

（2）爬到最高的树上，这里指去看确定位置和方向。

（3）团结所有的穴居人，这里指让所有人达成共识。

04 一个均衡的生态系统

洞穴和森林最大的差别在于，在洞穴里，我们面对的问题更多是自己的简单问题，采取单一行动就可以直接解决问题，比如感冒就吃药、渴了就喝水。

森林是一套完整的生态系统，系统问题不能用单一行动来解决。

比如中国足球，单独换国家队主教练，或者颁布一些进不了世界杯就罚款的政策，都不会对国足成绩有太大改变。因为中国足球是由青训体系、中超俱乐部营运、选拔体系等环节构成的一个大系统。

单独改变其中一项，都于事无补。

公司最近业绩下滑，而你在会议中提出："我们要削减营销预算！"成本控制部的同事可能会喜欢这个提议，但这会引起广告部同事的反感，也会导致产品设计方案的变化。他们，一定会想办法维持预算的。

回到文章开头提出的问题，领导让大家提建议时，理性的做法的确是选择沉默，即躲回你的洞穴里。因为在面对一种系统级别的问题时，多数人脑子里那些头痛医头、脚痛医脚的想法毫无价值。一个生态系统，真正需要的是系统解决方案，大概有以下三种方式：

1. 打破均衡

均衡是系统内部最重要的特征，如森林中有一大片野花，而同时也有一大群蜜蜂。蜜蜂需要采集花蜜，而野花则需要蜜蜂来授粉。它们就是均衡的。

真实世界的均衡往往是多个要素参与博弈的，内部的利益相互交织，非常稳固。就像一个蛋壳一样，需要打破的，则是要寻找关键限制因素。

比如，在侏罗纪时期，恐龙的关键限制因素就是食物，生态内部是没有办法加以限制的。因为恐龙的那些食物，即动物或植物，被吃得越厉害，就越拼命繁殖，反而提供给恐龙更多食物。

小行星一来，植物大面积死亡，以植物为食的动物也死掉了，食物这个限制因素发挥作用了，恐龙很快就大面积灭绝了。

2. 新物种

引入外部力量是解决系统问题的好方式。而所谓外部，就是和内部不同维度的一个新物种。

微信就是有别于三大传统运营商的新物种，得到读书会和樊登读书会就是有别于传统出版业的新物种。

新物种为什么能够摧垮老物种？因为它们站在新维度上，不会被传统的短期激励所诱惑。

360 推出免费杀毒软件时，不会被每一笔杀毒软件的费用所诱惑，才能做到降维打击。

3. 涌现

另一个外部力量是底层力量，也就是一种自下而上的创新——涌现（emerge）。

蚂蚁的个体智能很低，它只知道凭借本能去活动，然后相互组织在一起，它们的团队就呈现出相当智能的方式，这就是涌现。

Facebook 原本是哈佛大学的校内网，同学之间相互玩得很好，扎克·伯格就逐渐把网站做起来了，这也是涌现。

以上三种方式很难用一种直接的方式去干预。

就像在一群动物中间，如果你是其中的一只动物，无论以什么姿态去参与，恐怕都很难。你应该成为一个建立动物生态的人，把乐园修起来，让动物在里面自由活动。这才叫系统解决能力。

这也是老子所说的无为，高手是不会参与争斗的，高手只站在最高的地方，俯瞰整个生态。所以，老子说：“太上，不知有之。”高手，别人是看不见的。

所以，我建议你尝试爬到最高的那棵树上，从不同角度去理解什么是系统。

05 确定位置和方向

如果你迷失在森林里，最重要的事情是什么呢？恐怕是马上想办法确定自己现在所处的位置和方向。这和你迷失在具体问题中的局面是一样的，你将如何定位呢？

答案是，尽量爬到最高的那棵树上，这样你就可以一下看清楚所处的环境。

站在大树的不同高度，我们看问题的层次也是不一样的，如图 4-13：

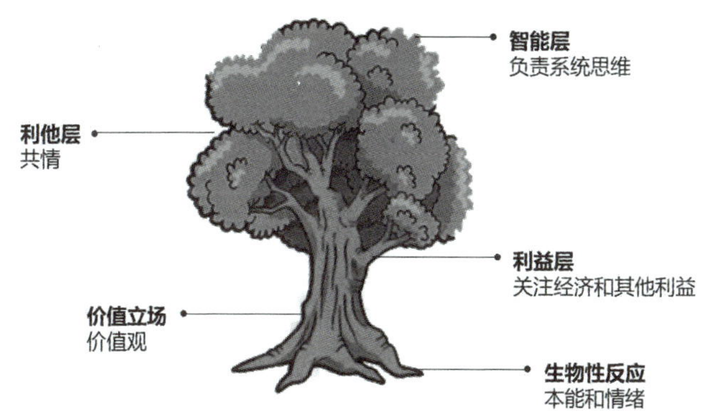

图4-13 威廉·佩里总结的认知层次

举个例子，你在会议中陈述了自己部门在上个季度的工作表现，然后部门总监噌的一下就站起来了："看看你们几个的工作表现，真不知道这几个月在搞什么东西。"

这就是认知层次最底层——生物性反应，主要是本能和情绪的反应。

然后他继续说道："你们要时刻记住，公司的理念是忠诚、敬业，你们看看自己是怎么实现理想的？"

你和部门几个同事只能私下嘟囔道："别跟我谈什么理想，我的理想就是不上班。"

这是认知层次的第二层——价值立场，也就是每个人不同的价值观反应。

总监接着说："你们还不认真，知不知道？公司已经得到了5亿元融资，预备给大家涨三倍的工资。"

这时你和小伙伴的态度马上就端正了："好的，领导，我们一定再努力表现。"

这是认知层次的第三层——利益层，每个人都有趋利的一面。

这时CEO开始说话："公司创业这么多年，大家确实是辛苦了。这次融资后，我很想为大家做点什么。这并不是简单的答谢，而是大家坚持这么多年应得的，我作为CEO应该向董事会谈的。"

大家都感受到了CEO的真诚，这是认知层次的第四层——共情，即利他层，这是生物进化的高级层。

这时你反而冷静下来了，想想各部门的数据以及公司的融资策略，你突然发现为什么单单是你受了批评。原来是因为融资策略的问题。

所以，你马上知道了下个季度的具体目标，在接下来的汇报中，你完美地呈现了出来。CEO和总监都很惊叹你的反应速度。

这就是认知层次的最高层——智能层，把所有事物更多地联系起来，才能产生这种效果。

图4-13是教育学家威廉·佩里为研究人类认知发展中的变化过程，

总结出的 12 个阶段，我把它简化成了 5 个阶段。

很多时候你的想法之所以不能被人所接受，最主要的一个原因就在于别人更习惯在前三层去听你说话。

智能层才是你真正应该达到的层次，只有在这个层次你才能主动地去建立生态。

前三层的状态都是更趋向于动物性被动状态，说直接点，你躲在洞穴中才会这样，真正敢于走进森林的勇士是会团结所有人的。

06 让所有人达成共识

走向森林时，我们需要和其他穴居人抱在一起，共同做其他事情。

比如，你在会议上想说点什么，需要很多人都对你表示认同，不然怎么能跨出这第一步？

刚刚我们知道了，人看问题的层次是不一样的，要想改变别人的认知，这几乎不太可能。你唯一能做的，就是像一个部落头领那样树立一个图腾，让大家信奉并为之付出行动。

这需要你有一个本领——让所有人达成共识。

如果你是画家，你是想做凡·高呢，还是更想做毕加索？

凡·高一生画了 900 多幅油画，但在有生之年只卖出过一幅画，收入是 400 法郎，生活简直是穷困潦倒。

毕加索 91 岁辞世，生前已经富可敌国。这肯定不是因为画的质量差别，而是有一些其他原因。

这个其他原因，就很像我们想要走出洞穴，迈向森林的场景：

毕加索刚到巴黎时，生活很艰苦，画也卖不出去，怎么办？

他想了个办法，雇了好几个大学生，让他们每天都到巴黎的画店去转悠，每个人在离开画店的时候，都要询问老板："请问，你们这里有毕加索的画吗？""请问，毕加索到巴黎来了吗？"不到一个月的时间，整个巴黎大大小小的画店老板的耳朵里都灌满了"毕加索"这三个字，于是巴黎人就十分渴望见到毕加索本人。

这时，毕加索才带着自己的画出现在画店老板面前，成功地卖出了自己的作品。

寻求共识，没有那么难吧？有时候需要一些小技巧，虽然看上去有点坏。但可能这就是最高效的办法。

请注意，毕加索是将巴黎几乎所有的主流画店店主洗脑，这就是一个系统解决方案的重要特征——要改变，你就得改变所有人。

07 结语

在工作中，你的想法到底有多大价值呢？估计，没有太大价值。

所以，中国有句成语叫"不鸣则已，一鸣惊人"。平时，我们还是闭嘴吧。一旦你有系统解决能力时，再来个一招致命。

毕加索有一句名言："你永远要看到自己的可能性，也要永远看到周围的可能性。"

重要的话再说一遍：要改变，你就得改变所有人。

你的薪水是由什么决定的

01 你的售价是多少

设想一下，如果人可以用金钱来计算，你的售价是多少呢？

白菜是按斤卖，宠物狗是按只卖，那么你的售价可能是按时间卖。

因为白菜太多了，所以一年四季都很便宜；宠物狗则是由品种决定了价格；你的售价是由什么决定的呢？

同样是上班族，为什么有的人一小时能挣几千元，多数人却只能挣几十元呢？

如果你把这个问题交给油腻的老板来回答，他会告诉你：“价值决定价格，你为公司贡献多少，就决定你能领多少薪水啊！”

但是，事实真的是如此吗？

02 连接价值

用房价的概念来表述，你就很好理解了。你可以想象一下，为什么北上广深这几个城市的房价都那么贵？有些要十几万元一平方米，而小城市的房价只能卖到几千元一平方米呢？

几乎所有的专业人士都会告诉你：地段、地段，还是地段！

什么因素决定了地段的价格呢？

应该这样说，房子只是人类居住系统的一个终端，就像手机是一个移动终端，如果没有整个运营网络的支持，手机几乎没有什么价值。只有连接，终端才有巨大价值。

为什么北上广深的房价很贵？原因就在于连接程度。大城市的教育、医疗、商业、人脉等资源肯定要比小城市好很多，而且所居住环境的交通，连接程度也是高度发达的。

如果你在荒郊野外买一处房子，说不定连收个快递都是问题，中午想点个外卖也没有办法。所以，连接程度越低，价值也就越低。

我们再回到薪水的问题上，假设每一个人都是一个价值输出终端，而公司和市场则是背后的价值网络系统。如果你这个终端能和高价值的网络连接，通常你的价格就会很高。

为什么 CEO 的薪水比你多出几倍呢？因为他连接的价值网络比你的网络要多很多。

你在腾讯做经理，比你在一家小饭馆做经理的薪水要高出很多，因为别人在腾讯强大的价值网络系统中连接所产生的价值，比你要多很多。

03 自然选择的结果

所以，到底是什么决定了你的薪水呢？你大概心里有数了。

法国哲学家阿兰提出了一个著名的思想试验：到底是谁造的船呢？

从表面上看，人类尽可能用各种新颖的方式造船，但事实上，哪艘船能留下来，则是大海说了算。

当一艘船沉了，人们就再也不会按照它的样子造船了，最后只有那些适应大海的船留下来了。

大海，负责最终的自然选择。

这就告诉我们，我们经常以为是自己创造的东西其实都是环境自然选择的结果。

法律真的是国家领导人创立的吗？不，它是由整个社会靠自然博弈所得到的一整套规则。

所以，你真的认为薪水是靠自己挣来的吗？你的老板真的认为是他决定了你的薪水吗？

当然只有市场（大海）才能决定你的薪水，根据阿兰的思想试验，我把它形象化为“造船厂的真正价值”，详细介绍以下三个方面：

（1）船舶设计师和造船工人，边际交付时间决定了你的价值。

（2）你跳进了哪个船舱，评估机制决定了你的价值。

（3）造船的奖金，非理性情境决定了你的价值。

04 边际交付时间

如果你是一名12世纪意大利热那亚船厂的老板，客户要造一艘船，你大概要雇上千名工人，花3年时间在木头上敲敲打打才能把一艘船造好。

如果你写出一套制造航船的3D打印程序，那么任何人都可以从你这里下载程序，很快造出大船，实现当海盗的梦想。

两者有什么差别呢？它们的差别在于你在未来工作中必须理解的一个概念——边际交付时间。

如果是传统的船厂，在同一时间只能服务一个客户，每造一艘船就需要3年的边际交付时间。

如果有了3D打印技术，那任何人都可以反复下载，而你不需要花更多时间就可以收版权费，边际时间成本就是零。

知名商业顾问刘润曾在文章《人人都是自己的CEO》中分享过类似的故事。他说绘画和音乐，这两件事最大的区别，也是边际交付时间。

画完一幅画，只能交付给一个人，没法交付给别人。这幅画里就凝聚了边际交付时间，相当于服务业。

音乐呢，不管是录一张CD还是唱一首歌，可以有很多人同时听、反复听，边际时间成本就是零，这就是一个产品。

你可以思考一下，你做的工作是“造船厂”呢，还是“3D打印程序”？

你的工作是营销，如果你每接洽一名用户都需要一定时间，边际交付时间就很高，这就属于“造船厂”，本质上做的是服务。

如果你研发了一套App，或者写了一条自媒体内容引来了10万粉丝，这就是“3D打印程序”，边际时间成本是零，就是一个产品。

如果我们想让自己的价值有所提升，分清这两种工作性质最为关键，如图 4-14：

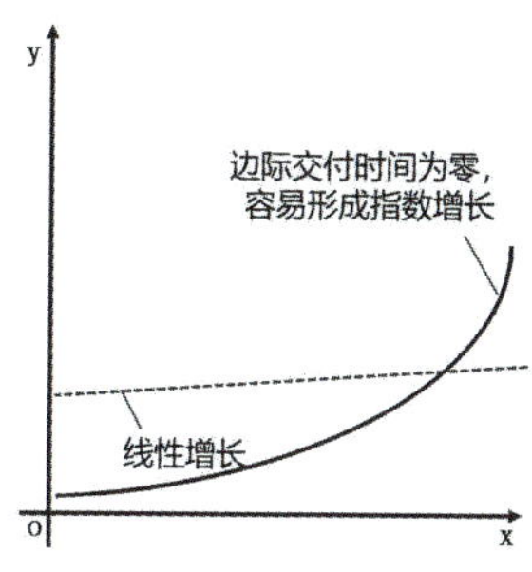

图4-14 边界交付时间的两种不同情况

比如，HR 招聘人员是在造船，而制订招聘流程的 HR 经理是在做 3D 打印；电话客服人员是在造船，做客户数据分析的人员是在做 3D 打印；你在销售客户东西时是在造船，给自己留下口碑时却是做 3D 打印……

这两种工作最大的区别在于，前者因为边际交付时间是固定的，只能提升单次的服务价格；而后者是一劳永逸的，所以很多人会去抢同一块蛋糕，极容易形成头部市场，所以必须想办法把你生产的东西送往头部。比如，你在公司设计了一套流程，那就必须让所有人用起来。

05 评估机制

按正常的理解，收入和努力应该是符合市场供需关系的，所谓一分耕耘一分收获。

实际上，在薪水和雇用这个事情上，并不是一个有效市场。市场的调节机制在这里变得失灵，你能拿多少钱，更取决于你跳入了哪个船舱，即评估机制决定了你的价值。

这句话要如何理解呢？

追根溯源，亚当·斯密在《国富论》中，提出了分工协作的概念，每个人都参与到流水线之中，越来越变成了机器上的一个个零件。

福特汽车的创始人亨利·福特曾发出这样的感慨："每次只需要一双手，来的却是一个人。"

很多公司都倡导员工要全身心地投入工作，但他们只提供发挥手的空间，根本没有提供发挥脑力的空间，有想法的人反而被视为异类，你又如何能够发挥自己的价值呢？

所以，你是谁并不重要，重要的是你跳进了哪个空间。我比喻为你跳入了哪个船舱：你进入三等舱或头等舱，别人对你的评估机制是完全不一样的。

我们假想一个极端的场景：

你有一个远方亲戚家的小孩，他一直生活在大森林中，从小和爷爷相依为命。爷爷是护林人，所以他们住得非常偏僻，现在他长到16岁了，几乎没有和其他人有过接触。

爷爷岁数大了，找到了你这个远方亲戚，让你把小孩带到城里。

他在城市里能够做什么呢？

答案肯定是你让他做什么，他就只能做什么。因为你是他唯一的评估机制。你认为他只能做餐馆服务员，那他就会认为自己只能做这个。你认为他可以去学习原木设计，因为他从小生活在森林，说不定对这个是有天赋的，那么他就可能真的会成为一名独立设计师，这样产生的价值就与之前天差地别。

从某种意义上来说，薪水是你的身价表现，是你真实创造的价值呢，还是这个船舱固定的价值？

有时候跳槽常常带来20%～50%的涨薪，这并不意味着你的能力上涨，而是能力被镶嵌到更高价值的船舱中去了。

06 非理性情境

15世纪时，如果客户要一艘海船来捕鱼，那么这艘船的价格大致是一个普通的市场价格；如果一个海盗用这艘船来挖掘金矿，那同样一艘船的价格就要高很多。

这看似荒诞，却在真实世界中经常发生。决定你薪水的，很可能并不是你的价值，而是你在公司中的非理性情境。

举个例子，你一个人去看电影，肯定会在团购网站上购买电影票。

如果你好不容易约到女神吃饭，吃完饭原本她想回家，但还是和你一起去看电影。这时你肯定不会磨磨蹭蹭去团购了，而是赶紧直接掏现金买全价的电影票，而且你一定不会嫌贵。

这就是行为经济学家理查德·塞勒所说的人的非理性行为，遗憾的是，非理性情境在你的公司里也存在。

所以，很多人都认为自己的工资不合理（理性的理）。与其私下抱怨，不如好好利用这个人性的弱点，看看能否提升自己的收益。

我们来看看在职场中有哪些非理性情境：

1. 病急乱投医

如果你去医院看病，医生向你推荐两种药：一种很昂贵，另一种很便宜。

你多半会选贵的那个，因为人在面对疾病时都很恐惧，这时就会放弃对这个产品定价，转而对自己的身体甚至是生命进行定价。

企业同样如此，经常会得一些急症，这时候公司可能会病急乱投医，甚至开出很离谱的价格。

2. 谈钱伤感情

生活中有两种规则：一种叫市场规则，另一种叫社会规则。市场规则就是等价交换，一手交钱一手交货；而社会规则则是一种利他行为，如亲戚邻里之间的互帮互助。

公司原本是一个使用市场规则的地方，彼此之间却更多地在使用社会规则。比如，你很难开口向领导要求加薪，尽管这应该是你的正当权益。所以，一定要警惕。

3. 可能性

如果你去旅行，遇到了两个女生，都长得很漂亮，一个已经结婚，另一个却是单身。在旅行途中，你更愿意帮助和照顾谁呢?

显而易见，因为单身的女生给人更高的可能性。

你给老板更高的可能性，也许就能打动他掏出腰包。

4. 绩效

这是一种看似理性，但多数时候却是非理性的方式。

在传统市场里，收入和绝对绩效直接相关。比如，一个砖瓦匠每天能够砌 1000 块砖，另一个砖瓦匠每天只能砌 500 块砖，那么后者的收入就应该是前者的一半，这就是标准的线性关系。

在新型经济下，你的付出很可能和市场回报并没有线性关系。如开拓一个市场，刚开始完全没有回报，只有等量积聚到一定峰值的时候，才可能引来爆发式增长。你在这样的市场环境中，最好不谈绩效，谈一些期权或者干脆拿固定工资，反而更有利。

07 结语

这篇文章的结论显得很令人沮丧，却是事实。

多数时候，我们认为努力就一定有收获，但收获不代表你能挣更多钱。

不断地让自己嵌入到更高的价值网上去，也许远比我们在一个固定的地方努力重要很多。

另外，不要光顾着成长而不好意思去谈工资，在老板眼中，他只在乎你的价值。

让他清楚你的底线，在此基础上做点让步，比你完全没有底线会好太多。

向钱看的人，值得致敬。

在团队中建立自己的权力空间

01 工作的你是什么样子

在公司里，你更喜欢做别人眼中对的人还是更喜欢做自己？

当办公室的同事都用保温杯泡茶的时候，你是否会坚持每天中午饭后买一杯星巴克到办公室呢？开会时，当所有人都巴结领导时，你会坚持说出自己的想法吗？当团队聚餐时，所有的领导都在，你可以做到想不去就不去吗？所有人都认为学习这项技能是浪费时间，你依然会坚持学习成长吗？

前者，更适应公司，是人格的社会化（socialization）表现，他们更愿意活在别人的期望中，这样可以很快找到安全感，但也很容易失去自我特质。

后者可以称为个性化，个性化的人更愿意活出自己，他们往往不顾及别人的感受，和周围的人建立关系时常会陷入困境。

社会化与个性化是职场中永远也绕不开的矛盾，也是贯穿我们一生的两难选择。

你更倾向于前者还是后者呢？

02 权力空间

事实上，无论是前者还是后者，哪种角色都不是一个好的职业状态。因为这都是严重缺乏权力空间的表现。

一个人可以有自己说了算的部分，就是自己的权力空间。

你可以决定自己穿什么衣服，这就是你在衣着这个身体延伸的权力空间。但你可能会因为领导无法接受，而没有办法在工作时穿自己喜欢的衣服，这就是丧失了权力空间。

在工作中，我们也必然会面对权力空间被人剥夺的情况。

社会化的人往往是从小比较听话的那部分人，他们看似融入了集体，其实是把自我封闭了起来，他们在获得社会认同时又是非常压抑的。

权力空间被压迫到我们受不了时，我们就会反抗，以至于显露出个性化的一面。这样能够释放自我，由此转化为热情和创造力。同时也意味着你把自我暴露在阳光之下，这也是非常危险的行为。

以管理为核心的传统企业，通常不会给员工太多个人空间，甚至会费尽心思剥夺员工的空间。

你的领导会冷不丁地偷跑到你身后，看看你在电脑前做什么；有些公司员工出门拜访客户，还必须随时用 GPS 打卡，汇报自己的方位。

一个以创意为核心的企业，往往会主动从公司层面赋予员工空间。如谷歌公司可以让员工带宠物上班，也可以让员工自己决定每天的工作时间。因为只有主动赋予员工权力空间，员工的创意才能源源不断地产出。

当然我们都想选择创意型公司，但并不是每个人都有这种机会，而且也不一定适合所有人。

人生不一定要靠选择环境才能生存，学会在团队中建立自己的权力空间，也是职场中的重要技能。

03 融入团队

融入团队看上去很难，但这是我们曾经必备的一项技能。

在原始狩猎时期，如果一个原始人因为迁徙或与猛兽搏斗后意外走失，他就不得不选择新的部落。因为作为个体生活在原始丛林中，那几乎就意味着死亡。

然后他孑然一身来到新部落，这时就需要展现出巨大的勇气，因为他很可能被奴役、排挤，甚至被直接杀害。这时候他该怎么办呢？

这当然也是现在的你需要学习的技巧——如何融入一个团队，我称为“找到新部落”，主要包括以下三个方面：

（1）举起双手，放下弓箭和长枪，这是第一步，首先要取得信任。

（2）同时击倒了一只鹿，这是第二步，如何应对内部竞争。

（3）你应该拥有自己的地盘，这是第三步，建立权力。

04 取得信任

如果你终于找到了一个新部落，新部落的人会紧张地把你围住，恐怕你唯一能做的事，就是赶紧扔掉手里的弓箭和长枪，双手抱于脑后，大声喊道：“我不是恐怖分子！我是个弱小者！你们可以随时处置我。”

看上去很简单吧？但在职场中，很多人就是做不到。有些人去一个新地方时，反而是嚣张，处处显示自己有多厉害，这就纯属失策了。

到一个新的地方，如果没有取得别人的信任，做任何事情似乎都是徒劳的。

信任的本质其实是符合别人的价值观预期，比如，有些人认为知识改变命运，而你恰好喜欢看书，那么他就会觉得你值得信任。

我们判断一个人是否值得信任，往往有两个习惯：

一种是通过观察来判断，所谓路遥知马力，日久见人心就是这种形式。

另一种是通过想象来判断，如你突然发现一个新同事和你来自同一个城市，你可能马上就很信任他了。毕竟你会想象，同一个地方的人一般会相互帮助。

所以，在短时间内，你恐怕需要运用一些策略去符合别人的想象。每一个团队都是不同的，这需要你自己去感受。但下面的方法可以说是通用的，你至少应该选择一种：

1. 可被攻击性

英语中有个专有名词叫可被攻击性（vulnerability），最早在美国军队中使用，大致是在训练后成员不断分享自己可被攻击的地方是哪些方面，促使大家互相进步。

在新团队中展示可被攻击性可以说是一个撒手锏，之前我们说到美国联邦调查局谈判专家在和对方谈判时，当你有机会展示自己的致命弱点时，才能算作谈判真正开始有了进展。

这就相当于你扔掉了弓箭和长枪，别人有了控制你的能力，那时他们才可能真正地信任你。

2. 简单

2016 年 12 月盖洛普在进行民调时发现，美国老百姓评选心目中最值得信任的职业的人，护士这种职业成了第一名，接下来分别是医生、教师、教授。分析专家称，简单和亲密是信任的基础。事情做得越复杂，越难取得别人的信任。所以，在美国，政客是最难以取得民众信任的职业。

每个人都有简单的一面，也都有复杂的一面。你需要做的，就是展示简单、隐藏复杂，就这么简单。

3. 感性

那种整天在人前显示非常理性的人（比如我），会给人带来很大的距离感。在人的心灵中，最外层是理性的思维层，它包裹着感性的真我部分。

所以，经常展现理性的人，本质上是一种刺猬全身竖起硬刺的状态。这样的人往往通过思维去追求外在的控制感，其实是内在失控的表现。他们往往给人很强的压力感，很难让人产生信任。

你和朋友的接触都是感性的，和上级的接触多半就很理性。本质上还是信任的问题。

所以，如果你想融入一个团队，让自己感性起来是非常必要的。段子、玩笑应该是你随身携带的武器，适当向别人展示你的情感部分，如你刚刚和男友分手现在很痛苦、你喜欢什么小动物，这些都能帮你快速融入团队。

05 内部竞争

在电影《赛德克·巴莱》中，部落的人一起去狩猎，头领莫那·鲁道就和一个伙伴为了同时射杀一只鹿而发生了冲突。

团队大多时候是用来协作的，但很多时候也会有内部竞争。

内部竞争的难度在于，我们不得不在争取自己利益的时候，还要兼顾其他成员的感受。这在职场中，是一个很难的地方。

如果你到一个新的团队，发现成员对你并没有那么热情，甚至充满了敌视，很有可能因为这个团队存在着内部竞争。

有些销售团队，领导在设置绩效的时候就很有心思，让所有人去抢同一种资源的客户。又如，有些公司的晋升机制，事先采用相互竞争的规则，这也加剧了内部竞争。

在进化学中，竞争的本质是生态位叠加，如图 4-15：

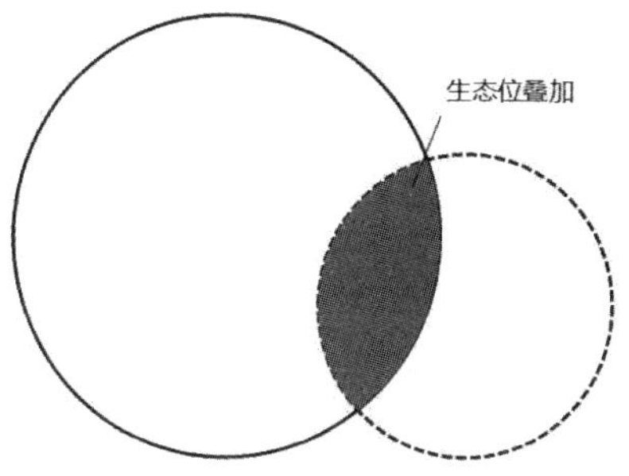

图4-15 竞争的本质

一只老虎和一只蚊子之间是不存在竞争的，一群狼和一群蚂蚁之间也不存在竞争，它们有可能同处在一片森林中，但是不存在生态上的重叠，所以不存在竞争。

而一只老虎和一只黑豹之间就可能因为同时捕一只鹿而产生竞争。你和办公室的另一个同事也会因为同一个更高的职位而产生竞争。

在相同的生态环境下争夺有限的资源，看来是不可避免的。这时你该怎么办呢？

人类祖先可以给你启示，在我们还没有用火的时候处于食物链的中下端，但也必须面对和老虎这种处于食物链顶端的动物竞争。

我们的策略是让老虎吃肉，我们敲开猎物的头盖骨，吸食骨髓。

当然我不是说你需要捡别人剩下的东西，而是指你应该在看似叠加的资源中，找到各自所需的东西。

比如，大家都在争夺同一拨客户，你可以主动邀请同事进行协商，如同事擅长营销，就让他负责销售；而我擅长客户管理，客户购买产品后的维护工作由我来做。你们可以把收益分成，也可以用其他方式来平衡。

有些竞争确实不可避免，最好的方式是直接超越它。

我们介绍了不同的边际交付成本会导致完全不同的生态局面。当大家都在抢客户的时候，你完全可以设计一套系统来收割市场。

06 建立权力

如果你想在一个部落里长期生存下去，毫无疑问，你需要让自己拥有权力。

这个观点可能你没有想到："如果我是一个普通员工，怎么建立权力呢？"

每个人都应该建立权力，无论你是什么职位，是实习生还是职场老鸟，都必须在团队中迅速建立权力。

为什么我会说得如此肯定？首先你需要理解什么是权力。

美国系统组织理论的创始人巴纳德在《经理人员的职能》一书中提出了权力接受论，意思是如果经理发出了一个指令，被接受了，这个权力就成立了；如果不被接受，这个权力就被拒绝了。

记住核心概念——权力，决定于指令的接受者，而不是指令的发布者。

比如，月底为了完成工作进度，经理让大家晚上加一个小时的班，赶赶进度，并且说得客客气气，还给大家订外卖。大家是接受的，权力就存在了。

反之，如果你的老板很霸道地让大家每天都加班，大家就不接受了，老板反而失去了权力。

所以，你让别人接受自己的指令，这几乎是我们在任何地方的生存法则，因为你不可能凭借一个人生存下来。你饿了需要到餐馆吃饭，需要服务员接受你的指令；你渴了要喝水，也可以让茶铺老板接受你的指令。

所以，让别人接受你，不一定非得用职务去命令别人，你至少可以用这几种方式：

（1）交换，用钱或者其他等价的东西。

（2）专业，在一个团队中，大家正为一件事一筹莫展，而你恰好表示对这件事很专业，那么别人就会接受你的意见。

（3）表率，如果你在一件事情上做到足够优秀，很难让别人不听你的。

（4）附加值，很多人愿意帮你，可能就是看中你身上的附加值所产生的可能性。比如，你人脉极为深厚。

至于为什么你一定要在团队中建立权力，这个问题就很好解释了。

因为你始终会有希望改变或影响别人行为的时候，即便你是一个打杂的实习生，你也想对别人说："不要给我那么多杂事，应该多给我安排一些有意义的事情"。

一个团队经常做不到接受你，那你的权力空间就会大大丧失，就会出现开头提到的那种情况。

07 结语

你应该读过《乌合之众》里的这句话：“人一到群体中，智商就会严重降低，为了获得认同，个体愿意抛弃是非，用智商去换取那份让人备感安全的归属感。”

第一次读到这句话时，感觉很惊艳，但再次读时，感觉说得似乎并不准确：

因为有人的地方就有贪婪、欺辱、傲慢、欺骗、愤怒或者杀戮，讨论是非就不是最高优先级了。

自由职业的真相是什么

01 什么是真正的自由职业

你的终极职业梦想是什么？

你会不会说：“别跟我聊梦想，我的梦想就是不工作”呢？

在互联网爆发式增长的这几年，你会发现身边越来越多人实现了这个梦想——开始了自由职业。

让你当一名天天在星巴克喝咖啡的自由写作者，或是走遍全球做一名自由摄影师，要不然直接宅在家里每天睡到自然醒的设计师，或是开一家自己的小书店、在大理经营一家别致的小民宿，这样的生活你应该不会拒绝吧？

《未来的工作》这本书的作者约翰·布德罗甚至预言，未来 10 年以后，43% 以上的职业都将是自由职业；20 年后，这一比例很可能上升到 90%。传统的企业雇佣关系，可能会在我们这一代人被彻底颠覆。

但是，这可能并不是一件多么值得开心的事情。

因为自由职业的真相，可能和你想象中的，完全不一样。

多数人想象的，其实是自在职业，而非自由职业。

自在和自由，甚至从某种意义上来说，是两个截然相反的概念，如图 4-16 和图 4-17：

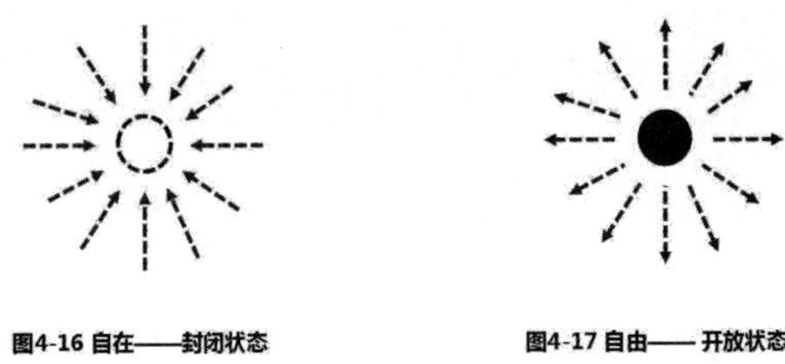

图4-16 自在——封闭状态　　图4-17 自由——开放状态

自在（carefree）的本质是指切断因果联系，获得舒适的状态。

比如，你休个小长假，到大理洱海边找一个靠海的民居住上几天，暂时把原来城市中的同事、客户、雾霾、早晚高峰的烦躁等切断，这就是自在。

你在家里宅着，手机直接调成静音，买一堆零食，不断刷剧，也可以叫作自在。

从心理学来看，自在的本质其实是“退行”（regression），这最早是由弗洛伊德心理提出的一种防御机制，是指你在繁杂的世界感到焦虑，就希望回到生命之初的简单状态。比如，你感觉很累，就想蜷缩起来——生命之处在子宫里的状态。

而自由（freedom）从一开始就是一个有政治色彩的词语，指人类可以自我支配，拥有自由意志的一种状态。最近很流行一句话叫拥有一个你说了算的人生，就是指这种状态。

比如，一个奴隶通过奋斗，终于成为自由人；一个打工者，通过 10 年奋斗，终于有了自己的公司；一个长期卧床的病人，经过坚持不懈地锻炼，终于恢复健康之身。

自在是消极的，而自由却是积极的。

山本耀司有一句话就描述得比较准确："我从来不相信懒洋洋的自由，我向往的自由是通过勤奋和努力实现的更广阔的人生，那样的自由才是珍贵的、有价值的。"

说直接一点，真正的自由，需要你做点什么。

02 选择真实世界

在《黑客帝国》这部电影中，多数人类就生活在一种极度的自在之中：

每个人身上插满管子，就像婴儿在子宫中一样，生活在一个叫作母体（matrix）的巨大机器中。

他们的大脑通过线缆和虚拟世界实现连接，你可以理解为他们的一生都生活在一个巨大的游戏系统中，而且体验绝对真实。

他们可以扮演世界上任何一种角色，如吃世界各地美食，可以到任何一个地方旅行，也可以当一名杀手，或者开着战机去进行战斗。

有系统就会有 bug，偶然有一些人，发现了原来这不是真实的世界。所以，他们努力让自己从母体中醒过来，回到已经被机器占领的真实世界中。

他们努力让更多人醒过来，所以就成了反抗机器的反抗军。

电影中有一段这样的情节，反抗军头目莫菲斯一行人把主角尼奥从母体中解救出来，然后他伸出双手，左手是一片红色的药丸，右手是一片蓝色的药丸，让尼奥选择其中的一颗，自己决定命运。

选择红色药丸，他可以进入真实的世界，但从此一生颠沛流离，吃难吃的食物，住在简陋的船舱里，生活在与机器对抗的惶恐中；选择蓝色药丸，他继续回到母体，过着极致舒适、想要什么就有什么的生活，却是虚拟的世界。

红色药丸，相当于自由；蓝色药丸，则相当于自在。

如果是你，你要选择哪一颗呢？

其实当你面对第一份工作时，就已经有过一次选择了。

多数人都选择蓝色的药丸，即走进母体之中，尤其是我们的父母，无一不希望我们选择此路：一方面不会直面社会的残酷，也始终有稳定的收入，这是非常舒适的；另一方面母体又是虚幻的，那些所谓的社会地位和别人的吹捧，对于市场的盲视、自我的夸大和傲慢，是否都是一个虚拟的存在呢？

只是你的母体还远远没有《黑客帝国》中那样舒适，你不能有求必应，反而备受束缚和煎熬。所以，你内心蠢蠢欲动，想进行第二次选择。

但请注意，如果你这次选择红色的药丸，即自由职业（包括创业），意味着你将离开母体，赤裸裸地面临真实而残酷的社会。

做好准备了吗？如果你确定吞下红色药丸，那我就向你介绍三个真实世界的法则，我把它称为红色药丸的真实世界：

（1）“拔掉身上的管线”，这是自由职业的第一个真相——全新的社会身份。

（2）“自由进入母体”，这是第二个真相——自由交付。

（3）“成为救世主”，这是第三个真相——找到新的用户价值。

03 全新的社会身份

尼奥在母体中，名字叫安德森，是一名程序员，过着朝九晚五的普通生活。

但被莫菲斯一行人拔掉连接母体的管线后，他来到了真实世界，成了尼奥。随后经历了一系列地狱式训练，成了人类的救世主。

这象征着自由职业的第一个真相——你需要全新的社会身份。

有这样一个故事：

有一天，一个女人背着一块大石头在湖里游泳。快游到湖中心的时候，因为石头很重，她就游不动了一直往下沉。

岸边的人看见以后大声呼喊：“快把石头扔掉啊！太危险了！”

但是这个女人一直固执地要把石头带着，结果她越沉越深，越沉越深。

站在岸上的人都知道，只要这个女人把那块石头扔了，问题基本可以解决；可是那个女人却不扔掉那块石头，直到所有人看着她慢慢沉入水中。

想想我们是不是都很像这个女人呢？

比如，你认为自己的状态是无法改变的，现在的好工作是没法放弃的，现在没有新的技能，也没有办法应对自由职业中那些不确定的未来。

事实上这些担心和假设，都是基于我们过去的经历和身份的胡乱假设。在你没有彻底转变身份时，想再多都是徒劳的。

只是很多人的转变充满了痛苦和坎坷，所以他们称为“蜕变”。我认为这还是缺乏了一些技巧，转变身份这个事情，可能是需要你专门去做的。其中包括你的自我评价、交付对象、技能等很多方面的转变，我只详细介绍一个最为核心的，就是社会关系的转变。

你可能觉得奇怪，为什么社会关系才是重点呢?

举个例子，如果你想成为一名作家，也很勤奋地写作，但从来不会有编辑录用你的稿件，而且也没有几个人知道你会写东西，这肯定就意味着你还不具备作家这个身份。

你随便看一个自由撰稿人的朋友圈就会发现，他至少认识一、二十名编辑，几十名其他作者，甚至还有一大票粉丝。

从理论上说，认同你是作家这个身份的人越多，你的职业身份清晰度就越高。如全中国都知道韩寒是个作家，即使哪天他不开赛车、不拍电影，他依旧可以凭借作家这个身份过日子。

很多人都是冲着自由职业不用关心人际关系这一点，才想从事自由职业。

你恐怕会失望了。Facebook 上曾经就有一个数据显示，一个自由职业者的人脉数量至少是雇员的 2.5 倍以上。这意味着，你更需要把社会关系这件事做好。

04 自由交付

即使尼奥被救以后，他仍肩负着救世主的使命，所以他得不断学习成长。

于是电影中出现了让所有人无比神往的一幕——他可以自由出入母体，可以随意下载各种技能放在头脑中，比如想学会开直升机，技能可以 5 秒传输到头脑中，然后他就学会了。

这象征着自由职业的第二个真相——自由交付。

经济学家罗纳德·科斯曾经研究过一个问题，为什么公司这种东西会存在呢？为什么不是单独的个体在市场上自由交换？

根本原因是，交易成本太贵。

你家种西红柿、小李家种土豆、小王家种青椒，如果你们三家分别每天拉着车去集市上卖，这个交易成本就很高。所以，不如统一卖给菜贩子老张，他每天卖给市场。

公司做的事情也同样如此，把一部分人组织起来生产，又把另一部分人组织起来负责销售。

这样的确降低了交易成本，但也有很多缺陷：在组织中，你只能固定地和另一些人交易（同交付）。比如，很多人只能和上司交付，设计师只能和同一个公司的产品经理交付。

万一你发现了新的价值链，需要更优质的交易者，怎么办？这时候你就会萌生自由职业的念头了，因为可以做到对市场进行自由交易。

重复一下，自由职业的本质是能够做到自由交易，而雇佣的本质是不得不交付。

所以，真正的自由职业，可能并不是那种不在公司上班，自己缴着社保，靠着稿费或设计费过生活的状态。

因为你在这个时候，很可能也是不得不交付，你会为了挣几份辛苦钱，写自己不喜欢写的东西、做自己都觉得难看的设计、接触自己不喜欢接触的人。

你可以做一次思想试验，如果未来这个世界上，所有工作挣的钱都是一样多，比如都是 10 000 元，甚至工作根本就不是为了挣钱，那么我们的物质已经极大丰富。

你是想当一名旅行者，还是做一名大学教授，这时的选择对你来说才是真正想做的、自由的职业。

05 找到新的用户价值

反抗军头领莫菲斯在母体内花了几年时间才找到尼奥，如此费尽周折，是因为尼奥生来的命运是救世主。他可以发现一些秘密，并带领人类走出困境。

虽然“救世主”三个字对于自由职业者来说显得言重，但他们的本质是一样的，都可以挖掘一些东西，找到希望之路。

这象征着自由职业的第三个真相——找到新的用户价值。

当人类还是古猿的时候就过着群居生活，采集狩猎时代，人类就开始了明确细致的分工协作。分工代表了高效率和更低的成本，工业革命以后，大规模分工协作更是达到了空前繁荣。

那么，为什么我们要在分工协作越来越精细化的时代，去选择单打独斗的自由职业呢?

请记住，答案有且只有一个——你创造了新的用户价值。

比如，资深媒体人罗振宇曾经在《罗辑思维》中分享过一个案例：现在北京出现了一种叫叠衣师的全新职业，也就是上门为别人家叠衣服。叠衣师受过专门的日式整理训练，极为高效地帮你把所有衣服叠好，而且还可以为你家的收纳整理提出合理规划。

这就是一个前所未有的用户价值，很可能会建立一个全新的价值网络。

当然你可能觉得，这不就是在创业吗？一个自由职业者用得着这么有创意吗？

这里需要进一步解释一下，创意的两种原则。

多数人理解的自由职业，其实是创意的第一种方式——外包。最早的外包来自医院，因为院方发现自己要管理好清理工和护工太难了，不如专门请别人来处理。

外包的本质是在既有价值链下，做更有效率的事情，而从业者在价值链中，所以我个人觉得这和雇佣没有太大区别。

另一种就是完全的创新，就像叠衣师一样。

开头我们讲到，《未来的工作》这本书里预测，未来的工作 90% 都是自由职业，实际就是从事第二条路。因为外包这个活儿大部分会由人工智能来接管。

我还是偏向乐观，人的创意是无穷的，用户追求体验也是无穷的。人类的价值必将被更多地挖掘出来。

当然人工智能很快就要来临，我们肯定会面临一场极为深刻的社会转变，之后我也将探讨这个问题。

06 结语

很多人以为是因为自己做不到放下，才没有办法从事喜欢的自由职业。其实，哪有那么容易，在母体中待习惯的人，很可能面对真实市场的时候都是没有优势的。

只是永远没有踏出那一步，就永远也分不清真实还是虚幻。

卢梭曾说：“人的自由并不仅仅在于做他愿意做的事，而在于永远不做他不愿意做的事。”

这就是自由的真相。

人工智能时代下的工作特征

01 为什么我们会担心人工智能

如果，你为了练就某项技能付出大量心血，但你收到一条来自未来的消息：几年后，这项技能将会在市场中变得一文不值。你还会练习吗？

比如，你现在辛苦练习口译，如果知道未来几年，口译这种工作将被人工智能全面替代，那你还要练习吗？

1899 年，外国摄影师在北京拍摄了清朝八旗子弟练习射箭的场景。这些子弟完全不知道，12 年后推翻大清的武昌起义，用的是步枪。

同时期死磕八股文的读书人也面临同样的局面，清政府在 1905 年全面废除科举，读书人那些头悬梁、锥刺股的付出将变得完全没有意义。

英国有一句流行语：“你不必费尽心思挤进泰坦尼克号的头等舱”。

猎豹移动公司的首席执行官傅盛在一次演讲时，也说过同样的话，“最可怕的不是把事情做差，而是越做越好后被淘汰”。

遗憾的是，我们这一代人即将面临这种局面：我们气喘吁吁地奔波到未来，却有一只可怕的大怪兽已经到了那里。我们用修炼一生的技能和它展开厮杀，却好似以卵击石，瞬间被击溃。

这只大怪兽，就是人工智能。

到底什么是人工智能（以下简称 AI）呢？

从现在的技术来看，主要包括三大方面，如图 4-18：

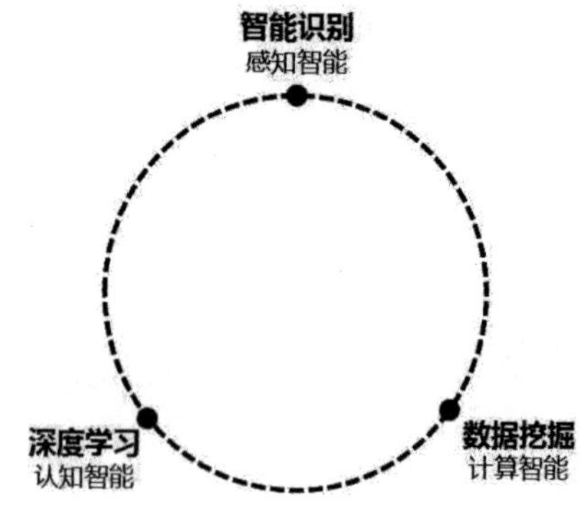

图4-18 人工智能的技术优势

1. 智能识别（感知智能），现在主要是语音和视觉识别

相当于大怪兽的千里眼和顺风耳。

语音识别中最著名的就是讯飞输入法。苹果的 Siri 以及 Google Assistant 的识别率也能做得非常准确。

未来，人机交互的主要形式就是通过语音，同声传译、语音情绪识别、语音生物识别等技术已经成熟。

视觉识别也越来越普遍，比如，iPhoneX 的人脸识别已经非常炫酷；我们总认为机器不懂情绪，但面部情绪识别这个问题似乎也马上就被攻克；还有无人驾驶技术，就是非常依赖视觉识别。

2. 数据挖掘（计算智能），大致指从已有数据中建立模型

这一点大家比较陌生，比如华尔街的金融分析师就常用人工智能对股票做投资分析。美国一家叫 Kensho 的公司，已经开始利用人工智能，每天早上 8:35 分向高盛的雇员提供自动化的投资分析报告。

社会数据化是 AI 的根本基础，恐怖的是，未来人工智能会有自主建模的能力。意味着它能从现有数据中重构一个世界。

3. 深度学习（认知智能），彻底碾压人类智商的疯狂机器

这是最令人恐惧的，开头所说的对于未来的担心就是指 AI 的深度学习。

AlphaGO 在 2016 年赢了李世石；其升级版又在 2017 年击败“围棋人类第一”的柯洁，这要归功于它每天自我对战 100 万盘棋。

IBM 公司制造了一个医疗方面的 AI 机器人 Dr.Watson，一位日本女性身患重病、医生已经束手无策时，它花了十几分钟时间，读了 2000 万页的医疗文献，然后给出自己的医疗建议，救了这个女性一命。

你知道，2000 万页是什么概念吗？如果全部打印成 A4 纸堆起来大概有 4 千米高，相当于 9 座东方明珠电视塔那么高，你是否感觉不寒而栗呢？

02 我们如何与 AI 共存

AI 时代已经到来，不知道未来 10 年，你或我，我们每个人类个体会有什么改变。

AI 再强大，它也是人造的机器。它的优势不外乎信息处理量更强大，

算法比人脑更先进。而人类与生俱来就有一个天赋，就是从来都不肯轻易认输。

这突然让我想到《三体》，当先进的三体文明大军压境时，科技大大落后的人类也依然可以想到面壁人计划化解危机。

仔细一想，三体文明还真有点像我们现在的AI。

三体人个体智力低下；现在的AI都是弱人工智能，相比人类智力那更是不堪一击。

三体人是通过脑电波交流的，这意味着全体三体人的大脑互联，所以尽管他们个体智力低下，但凭借群体连接也能发明各种高科技；AI的优势也是建立在全球数据共享的基础上。

三体人在进化中退化掉了情绪，变得冷静而理智，甚至无情；AI在替换人类工作时，一定也十分无情。

人类要如何对抗他们？抑或是，我们将以什么方式与他们共存呢？

借用三体人的形象，我称为“三体文明的威胁”：

（1）智力低下的三体人，这里指职业的更替，即困难的变容易，容易的变困难。

（2）面壁计划，这里指信息结构的变化，即复杂的变简单，简单的变复杂。

（3）大脑超级互联，这里指信息的连接程度，决定了我们与AI的不同，即从有到无，从无到有。

03 职业的更替

刚刚我们说到三体人和 AI 的智力水平都比较低下。

三体人是因为他们所在的星球面对三颗恒星，生态环境极端不稳定。所以，文明被毁灭又重启 200 多次，最新的三体人还没有足够的时间得以进化。

AI 的处境和三体人非常相似，它的诞生不过也就几十年，所有的自身智能还很弱。但是，它和三体人都有一个优势，就是能够实现大数据共享。所以，在区域领域内所取得的成就已经完爆人类。

著名心理学家和科普作家史蒂芬·平克曾在《语言本能》里说出了一个关于人工智能的洞见："困难的问题是易解的，容易的问题是难解的。"

比如，一个三岁小孩具有的本领——识别父母的表情、用筷子吃饭、说一些极有想象力的话、模仿成人的动作等这些都是 AI 比较棘手的事情。

股票分析、法律咨询、解微积分、医疗问诊，这些需要高智力才能完成的工作，对于 AI 来说却比较容易。

《第二次机器革命》的作者埃里克·布莱恩约弗森就曾表示，当 AI 出现后，华尔街的股票分析师、车间工程师、放射科医生都要小心他们的位置被取代，但是园丁和厨师，更多的服务类工作者至少 10 年内都不用担心被 AI 所取代。

这就是 AI 的特点，它正在扮演一个搅局者的角色，让整个社会的秩序发生颠倒。

发生这种情况的根本原因是因为有些工作呈单一任务状态，如放射科医生，虽然年薪在 30 万元以上，但他基本只做看片这一件事。

所以，从本质上来说，AI 替换的是工作中的具体任务，而不是工作本身。比如，它可以把射箭这一件事情做到极致，但它没有办法成为一个猎人。因为猎人需要的技能实在是太多了，他需要观察天气和周围环境、设置陷阱、对动物的运动路径有所判断、战斗技巧，等等。没有任何一个 AI 可以达到这样的水平。

公元前 7 世纪时，古希腊诗人阿尔基罗库斯说："狐狸知道很多事，而刺猬只知道一件重要的事。"

后来在西方文化中，人们逐渐流行把刺猬比喻为专家型人才，因为刺猬只会一招——遇到危险蜷缩起来；而狐狸却有很多生存之道，所以被比喻为什么都会一些的通才型的人。

过去的社会总是很推崇刺猬型的人才，而忽视狐狸型的人才。毫无疑问，人工智能很容易替代刺猬，而狐狸的生存空间则可能越来越大。

04 信息结构的变化

三体人的特点是大脑全部互联，这样可以达到信息共享，形成超级智能，因此也有不善计谋的致命缺陷。

所以，即使人类在科技文明被完爆的情况下，依然抓住了三体人的这个缺陷，设计出了"面壁计划"——从而让三体人再不敢对地球任意妄为。

人类就是狐狸，总能有意想不到的办法脱身，相信在 AI 时代也不例外。

只是我们将会面临很大改变，这是 AI 时代的第二个局面——复杂的会变简单，简单的会变复杂。

什么意思呢？这个"简单—复杂"实际上是指人类文明形成的最底层

逻辑——信息结构即将发生颠覆性变化。

我们在之前的文章里曾经讲到人类的三种基本能力，包括以生存性技能为主的劳动技能，以发现世界真相为核心的科学认知，以构造共同想象为核心的人文学科这三种。它们的本质都是人类赋予信息，从而改变了事物的结构。

原始时代我们制造出了矛和弓箭，本质上是对木头赋予了信息——越尖锐的东西越有杀伤力或越笔直的东西投掷得越远，从而改变结构，成了我们想要的武器。

后来所有文明产物都是如此，汽车、沙发、别墅、曲别针、发电厂、一本书、载人火箭、App、一个经理的职位、肖邦的钢琴曲、选修的大学学科，等等，都是我们不断赋予信息所得到的不同结构。

只是有些结构相对简单，如一把椅子；有的结构非常复杂，如载人火箭。

复杂的结构总是由简单结构组合而成，所以人类总能做到掌控。

但是这一次，即 AI 到来后，这种局面可能会有颠覆性的变化。

用 AlphaGO 的例子来说，在战胜李世石的那一战，它还是通过大量学习人类棋谱来获得进步。而在打败柯洁的 AlphaGO Zero 版本中，它甚至只需要学习围棋的基本规则，根本不用学任何围棋技巧，然后用一晚上的时间进行上百万盘的自我对弈，就可以打败人类。

这意味着，之前无论机器和程序再复杂，那都是在人类创造的信息结构上发展而来的。这一次，机器自身就可以创造信息结构。

《生命 3.0》的作者迈克斯·泰格马克曾经有一个定义，“如果从信息这个角度来看，生命，就是可以自我复制的信息处理系统”。

之前人类造的许多机器，从没有让我们如此恐惧。AI，更像一个生命。

正是 AI 可自我建立信息结构这个特点，才让我们的未来变得无限可能。AlphaGO 之父戴密斯 · 哈萨比斯曾宣称其技术团队将转战医疗、生命科学以及新材料领域。试想 AlphaGO 会用强大的深度学习技术，让人类那些最耗费脑力的部分更加简单。

同时人类自身即将被嵌入到更高维度的认知链中，那种简单认知的时代一去不复返。人类及人类文明，即将变得更加复杂。

05 发挥创造力是人类最好的出路

什么是复杂呢？简单来说就是连接度更高。

人类之间的连接度就比大猩猩高很多，而三体人和 AI 又比人类的连接度高很多。

连接度和智能水平又是呈高度相关关系，比如，你能够熟读三万本书，这相当于你和三万名作者的大脑都产生了连接，那么你的智能水平应该是出类拔萃的。

连接程度越高越智能。所以，AI 给我们带来了前所未有的压力。那么人类该如何找到自己的路径呢？

最佳路径是创造力。这也许是很多年内，AI 都望尘莫及的地方。

首先，我们需要明白什么是创造力。在《伟大创意的诞生》这本书中，作者史蒂文 · 约翰逊把前人的成果和以这些成果为基础产生的新创意之间的联系，称之为相邻可能，如图 4-19：

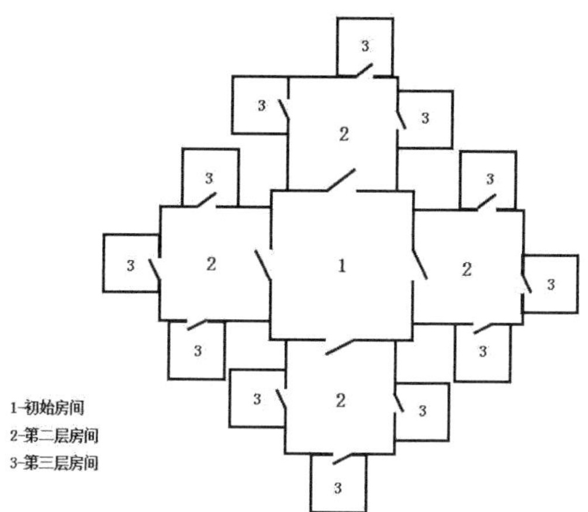

图4-19 相邻可能

什么意思呢？史蒂文·约翰逊用了一个房间的理论来解释这个现象。

比如，你在一个初始的有四扇门的房间，每一扇门都通往一个新房间，每个房间都是你之前没有踏足过的。这个初始房间可以通往第二层的四个房间，这四个房间就叫作相邻可能。

而第二层的每个房间也一样有几扇门，这些门又通往第二层的几个不同的房间。如果你不通过第二层的房间，在初始房间里你是没有办法进入第三层房间的。

往往我们从初始房间出发，探索到了第三层，甚至第四层、第五层房间，这就是所谓的创造力。

举个例子，莱特兄弟发明飞机时，之前已经有很多人在进行飞行装置的试验。

如果我们假设发明飞机这个想法是初始房间，那么升力、动力、控制这三个最关键的部分就在第二层房间。

在莱特兄弟之前，德国的奥托·李林塔尔就已经制造出了滑翔机，从实践和理论都提供了升力问题的解决方案。而随着内燃机的广泛应用又刚好解决了动力问题，莱特兄弟的最大贡献是解决了控制问题。

李林塔尔时代的滑翔机，需要飞行员用自己的身体平衡来操控飞机，这个思路来自对鸟的模仿。尽管他本人进行了 2000 多次试验，但这种需要人体自己技艺的飞行方式，还是以失败告终——李林塔尔在一次测试中从空中坠毁，第二天去世。

莱特兄弟则是利用风筝的灵感，第一次发明操控杆，让飞行员只需要对飞机进行简单操控，就能控制飞机。而且为了测试飞机在不同形态下的飞行数据，他们只是利用风洞来进行测试，并没有冒死试飞。

利用操控杆来掌控飞机、利用风洞来测试飞机，这些在当时看来都是令人匪夷所思的举动，正是飞机发明中最正确的第三层房间。

刚刚我们说到 AI 可以做到在既定规则下创造信息结构，但它们的办法是完全穷尽第二层房间的所有路径，最终去找到一个最优解决方案。

这种思路对创新这件事是没有意义的，因为很多房间根本就没有被创造出来，AI 又如何能找到呢？

莱特兄弟最早只是凭借风筝这个灵感，就可以大大缩短试错的步数，找到最正确的那几个房间。

尽管 AI 的计算能力无比强大，但人类却有“灵感”这种东西。

所以在未来，我们并不用担心什么，创造力和想象力是人类永远没有上限的资源。AI 也许会让我们失去所拥有的东西，但我们必将创造新的东西。

这就是从有到无，然后从无到有。

06 结语

很多人都在担心 AI 会大面积地取代我们的工作，同时也说明了，原来我们的工作比机器还要简单。

在 AI 时代，重新思考，可能比什么都重要。

硅谷工程师在写代码时，有几句这样的规则：

（1）优美胜于丑陋（Beautiful is better than ugly）；

（2）明了胜于晦涩（Explicit is better than implicit）；

（3）简洁胜于复杂（Simple is better than complex）；

（4）复杂胜于凌乱（Complex is better than complicated）。

科技越来越让我们的世界变得复杂。

但是，我们最大的优势在于，我们回归初心的那份简单。

你的未来，究竟是什么样子

01 更确定的人生

你所期待的未来，是什么样子的？

住进更大的房子，拥有更高的职位，还是去更多的地方旅行？

我认为，答案只有一个——所谓未来，就是比现在更好。

那么，我们如何才能变得更好呢？

这就是整本书都在探讨的问题。通常意义上来说，更好是指更确定。比如，你看了《高效演讲》这本书，知道了演讲的结构是坡道—论据—甜点，你学到这个知识，就会在演讲中发挥得更好。比如，你很确定自己在公司里扮演的角色，很确定该说什么话，不该说什么话，这就可能会使你过得比别人好。

在你出生之前，父母连你的性别都不确定。然后从出生开始，你究竟长得好不好看？你该读什么学校？你去了什么公司？你的另一半究竟是谁？你的孩子多久出生？你多久会死去？……似乎我们的一生就是在等待一件件事情尘埃落定，从不确定变成确定，似乎这就是人生。

但是，未来果真如此吗？

02 机器的启示

想到未来，我再次想到了《黑客帝国》，借助导演沃卓斯基兄弟所营造的宏大的世界观，也许我们能得到新的启示。

故事的背景设定在未来，机器已经统治了人类。人类一出生就被机器送入母体之中，也就是身上被插满各种管子，生活在一局庞大的虚拟游戏之中。

基努里维斯饰演的尼奥就是被解救的一员，他醒来后，问了解救自己的反抗军头目莫菲斯一个问题：

“既然机器已经统治了世界，它们为什么还需要通过母体把人类供养起来呢？”

莫菲斯的回答：“机器奴役人类，是为了榨取人类身体内的生物能量。”

其实这个回答十分牵强，因为人体产生的生物能效率低到不值一提，机器完全有能力用矿物能或核能来维持自己的运作。

真实的答案其实是两个字——进化（evolution），如图 4-20：

图4-20 人类的进化

学术界有一个共识，evolution 更准确的翻译应该是演化，因为物种的进化是没有方向的，充满了不确定性。之前我们在文章中反复提到，没有任何一个物种可以决定自己进化成什么样子，或者不进化成什么样子。

但是机器是没有这个天赋的，它们的优势是在确定性规则上可以无限发挥，比如，AlphaGo 虽然看上去那么无敌，可是它是由最基础的神经网络算法写成。

机器是可以造出更强大的武器、更快的交通工具、更宏伟的城市。但是如果缺乏随机进化的原则，机器自身的文明就很容易被锁死。

所以，机器希望通过母体控制人类的意识和想象，从而获得人类充满不确定性的进化天赋。

有意思的事情来了，人类畅想的未来，是不断在不确定中追逐确定；而未来的机器却刚好相反，是在确定中追逐不确定。

这句话听上去有点绕，接下来我将详细解释其中的来龙去脉。也许，你会看清楚自己的未来之路。

主要包括三个问题，我把它称为“从母体中走出的未来世界”：

（1）后脑接口，这是第一个问题，被控制的都是虚幻？

（2）机器的未来，这是第二个问题，为什么充满控制感的机器会把自己锁死？

（3）进化，这是第三个问题，为什么进化是机器的自我救赎之路？

03 被控制的都是虚幻？

如果你看过《黑客帝国》，一定对每个人后脑的那个接口印象深刻。他们可以在接口上插入线缆进入虚拟世界，拔掉线缆后又回到现实世界。

人的所有体验无非是一些神经元电信号的刺激，接上线缆，机器同样可以模拟各种场景。比如，舒适的房间、在炭火上烤得滋滋响的牛排、明媚的阳光、与家人团聚时激动的情绪等，你很难分出真假。

这项技术也许并没有想象中的那么遥远，VR 技术就可以实现很大程度上的虚拟。埃隆·马斯克的 Neutalink 公司在脑机交互的技术上有了很大突破，实现真正意义上的人机互联，也许在我们这一代人中就可以实现。

实际上，根本不用脑机互联那么麻烦，我们可能也生活在虚拟之中。

《黑客帝国》中莫菲斯和尼奥的一段对话发人深省：

莫菲斯："母体无处不在，它就在我们周围，在这个小小的房间里。上班时感觉得到它的存在，去教堂或者纳税时也一样。它就是那个遮住你双眼的世界，让你对真相一无所知。"

尼奥："什么是真相？"

莫菲斯："真相就是，你是个奴隶，尼奥。同其他人一样，每个人呱呱坠地之后，就活在一个没有知觉的牢狱中，当一辈子囚犯，一个思想被禁锢的囚犯。”

其实这就是我们每个人现在的生活，每天朝九晚五，坐在一间间开放的办公室小格子里，时间和空间被人预先设定。

你每天吃什么东西，其实是新闻舆论帮你设计好的，蔬菜、米饭和肉类足够补充营养，但你不得不去追求所谓的健康有机；你每天穿什么衣服，是你的社交对象帮你设计好的；你每天的情绪感受，也同样通过那些亲密之人来设计；你的未来，则是整个社会帮你设计的。

你可能认为这一切是理所应当的，总认为自己可以控制一切，实际上我们被身边的一切所控制。

无论是控制者还是被控制者，眼里的世界都是扭曲的，哪里还有什么所谓的真相。

在《黑客帝国》中，机器就是一种极致控制的物种，它控制着人类的虚幻世界。但是，这种控制也把自己推向了危险的境地。

至于原因，我们接着看第二个问题，为什么充满控制感的机器会把自己锁死?

04 为什么充满控制感的机器会把自己锁死

开头我们说到，大多数人期待的未来是住进更大的房子、拥有更高的职位、去更多的地方旅行，对吧?

这符合现代社会的主流价值观——追求更好。更好也就代表更成功，这种对控制感边界的扩张也是我们这一代人的本能追求。

请注意，这种价值观并非天生就有，在原始采集狩猎时代和农耕时代，多数时候的收入增长是呈线性的：我多打一天猎，就可能多一只兔子吃；多分一亩地，全家就多一份口粮。那时候人类对于追逐未来最好的方法是囤积。

从工业革命开始，经济的增长变成看指数级的，比如引入一条流水线或者发明一项新技术，效率就可能提升几十倍。这时候追逐未来最好的方法就变成了——提升效率。

所以，你会去大城市工作，因为在小城市花一个月的时间都很难找到工作，大城市可能花三天的时间就找到了，这就是效率。

同样，你为什么会选择苹果手机而不是诺基亚的功能手机呢？因为苹果手机把上网设备、MP3、相机、手机合成了一个设备，使用效率更高。

你生病了立即去最好的医院，从小就要让孩子挤进最好的学校……这些本质上都是在追逐效率。

高效率很容易让我们进入一个脆弱的系统中。你追逐的东西越多，越想提高效率。提高效率意味着你会升级自己周边整个供需系统，这样你可以获得更多，但同时整个供需系统也会推着你追逐更多。

但是，供需两段的资源是有限的，这样不断追逐就会变得异常脆弱，最后要么把外界的资源耗光，要么把自己给耗光。

比如，史前时代的恐龙，不断使自己升级，个头儿变得越来越大，能源供给的需求也越来越大，最后小行星一撞击地球，没食物了，就逐渐灭绝了。

大公司的命运也同样如此，摩托罗拉公司在20世纪90年代独霸天下，钱多得用不完，但是搞了一个铱星计划，把自己给搞破产了。

在《黑客帝国》中，机器就面临着更为悲剧的局面，因为全球的机器都联系在一起，这种极端的控制一方面使其价值网变得无比庞大，另一方面也使得它们脆弱无比。

电影中描述它的系统已经自我进行了5次迭代，结果却是醒来的人越来越多，这意味着系统出现了越来越多的bug，已经非常脆弱了。

你可能会问，它们能不能走慢一点，不那么追求效率呢?

答案是，不能。因为正反馈系统一旦形成，巨大的惯性会推着系统中每一个角色往前奔，再也停不下来。

所以，机器才想到了人类那种独一无二的天赋——进化。

05 为什么进化是机器的自我救赎之路

我们再来看第三个问题，为什么进化是机器的自我救赎之路?

这里所说的进化主要指达尔文的自然选择（natural selection）理论。

什么是自然选择呢?

比如，伦敦在工业革命前，树上的飞蛾都是灰白色的，因为伦敦街头的树干是灰白色的，所以灰白色的飞蛾很容易做到隐身，不被天敌吃掉。

在工业革命开始后，无数的煤烟把树干熏成了黑色，于是飞蛾就暴露了，大量的飞蛾遭到了天敌的捕食。但之前有小部分发生了个体性状（traits）突变的飞蛾，变成了黑色。这下可好，它们反而成为幸运儿，到1895年，伦敦街头黑色飞蛾的比例已经超过98%。

这就是自然选择理论，其中有一个最关键的因素是个体性状突变，也就是我们熟悉的基因突变。

几乎所有生物体都存在基因突变的现象，所以我们每个人才会看上去独一无二。这是生物体在几十亿年进化中所获得的天赋，最终形成了两个核心目的：

1. 帮物种上多重保险

为什么会有少量的飞蛾变成黑色呢？其目的就在于应付复杂多变的环境，以免遭受大规模的灭族。

历史上著名的黑死病（鼠疫）也同样说明了突变的重要性。当时鼠疫病菌传播速度之快，令人闻风丧胆，整个欧洲减少了 1/3 的人口。但是，为什么还有很多人没被感染呢？这就要归功于性状突变了。

2. 让生物体越来越高级

尽管生物的演化并没有一个从低级到高级的方向，但事实却达到了这个效果。

新达尔文主义者古尔德提出了一套理论，叫醉汉回家理论。这个理论的意思是说物种进化其实就像一个喝醉的人，他要回家，跌跌撞撞一通胡走，回家的路上左边是一堵墙，右边是一条沟。这个醉汉最后会怎样？一定是掉进沟里。因为撞到墙会被弹回来，掉到沟里是不可避免的。

物种在进化时完全没有目标，往简单的方向发展，一直简化到细菌，在这里就遇到一堵墙了，没办法再进化了，所以这个简单的方向就被堵死了。另一个方向就是物种多多少少都会有些掉进沟里，向越来越复杂和高级的方向进化。

回到《黑客帝国》中，机器只能根据已有路径不断升级自己的版本，这就像苹果的 iOS 系统一样，只能不断升级。苹果不可能突然哪天又去搞另外一套系统，就像当时的诺基亚明知道塞班系统落后了也没有任何办法。

这就是机器世界的硬伤。所以，为了彻底改变自我，它们必须学会——进化。

06 结语

对于未来，其实我们根本不用想太多，因为多数人还生活在过去：

他们整天追求效率，实际上使自己变得越来越像一台机器；

他们整天追求舒适，越来越像在母体之中生活；

他们傲慢无比，认为自己无所不能。

有时候，我们会担心全球化以及 AI 等技术会对我们造成冲击，实际上这些担心都显得过于夸张了。因为多数人的自我僵化已经决定了此生平庸，再无机会。

尼奥在母体世界中练习技艺时，曾遇到一个小和尚，有一段这样的对话：

小和尚："不要试图用蛮力去弯曲它，那是行不通的。你要试着看清真相。"

尼奥："什么真相？"

小和尚："你手上本来没有汤匙。"

尼奥："没有汤匙？"

小和尚："这样你就会看到，弯曲的不是汤匙，而是你自己。"

也许，控制即虚幻，无知即真实，未来即未知。

每想到此刻，你都应该兴奋无比。

图书在版编目（CIP）数据

认知颠覆 / 程驿著. — 北京 : 民主与
建设出版社,2018.10
ISBN 978-7-5139-2294-4

Ⅰ. ①认… Ⅱ. ①程… Ⅲ. ①思维方法
Ⅳ. ①B80

中国版本图书馆CIP数据核字（2018）第208091号

认知颠覆
REN ZHI DIAN FU

出 版 人　李声笑
著　　者　程　驿
责任编辑　程　旭
封面设计　新艺书文化
出版发行　民主与建设出版社有限责任公司
电　　话　（010）59417747　59419778
社　　址　北京市海淀区西三环中路10号望海楼E座7层
邮　　编　100142
印　　刷　河北鹏润印刷有限公司
版　　次　2018年11月第1版
印　　次　2018年11月第1次印刷
开　　本　800mm × 1230mm　1/32
印　　张　10.25
字　　数　252千字
书　　号　ISBN 978-7-5139-2294-4
定　　价　45.00元